数据资产管理

| 陈耿宣　毕英鸷　杜泽　邹忠宜◎著 |

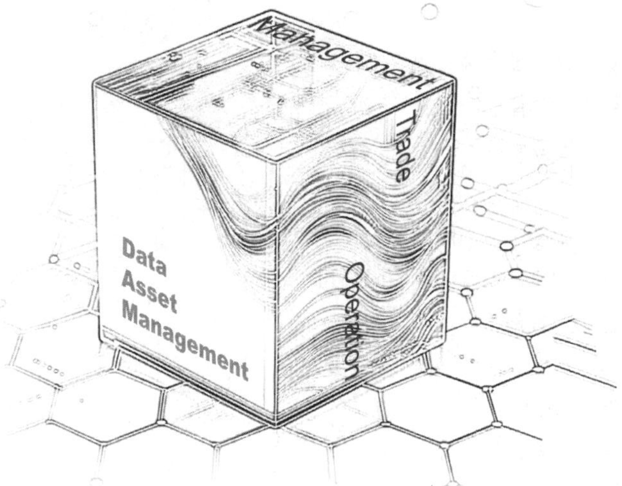

中国经济出版社
CHINA ECONOMIC PUBLISHING HOUSE
北京

图书在版编目（CIP）数据

数据资产管理 / 陈耿宣等著. -- 北京 ：中国经济出版社，2025. 5. -- ISBN 978-7-5136-8179-7

Ⅰ. TP274

中国国家版本馆 CIP 数据核字第 2025SR6806 号

责任编辑 高 鑫 耿 园
责任印制 李 伟
封面设计 久品轩

出版发行 中国经济出版社
印 刷 者 北京鑫益晖印刷有限公司
经 销 者 各地新华书店
开 本 710mm × 1000mm 1/16
印 张 17.5
字 数 267 千字
版 次 2025 年 5 月第 1 版
印 次 2025 年 5 月第 1 次
定 价 65.00 元
广告经营许可证 京西工商广字第 8179 号

中国经济出版社 **网址** http://epc.sinopec.com/epc/ **社址** 北京市东城区安定门外大街 58 号 **邮编** 100011
本版图书如存在印装质量问题，请与本社销售中心联系调换（联系电话：010-57512564）

前 言 PREFACE

数据，这个曾被认为仅仅是技术问题的名词，如今已然成为推动经济发展的关键要素。它不仅是数字经济的核心动力，更是驱动整个社会变革的“燃料”。我们身处一个数据驱动的世界，但许多组织在迷雾中摸索，未能真正掌握数据资产的力量。如何让数据资产化？如何让数据流动起来并创造价值？这正是本书希望探讨的核心问题。

如果说传统经济的命脉是资源和资本，那么数字经济的脉搏便是数据。然而，与石油不同，数据不仅不会被消耗，反而会越用越增值。当企业洞察用户行为时，数据在指导产品研发；当政府制定公共政策时，数据在优化资源配置；当个人通过社交媒体分享观点时，数据在推动舆论变化。

但数据只有成为资产，才能真正释放潜力。一个未经管理的数据集，就像一座未被开采的矿山。数据的合法性、质量、流通性以及安全性是决定其价值的关键因素。本书的任务，便是引导读者从数据的“混沌”迈向“秩序”，从被数据“困扰”到掌握数据“财富”。

本书是一部专注于全面剖析数据资产的实用著作，为读者构建了系统的框架与操作指引。全书共分三个部分，分别涵盖了数据资产管理、交易与运营的核心内容。

第一部分（第一章至第四章）围绕数据资产管理，重点介绍了数据资产的概念、特性以及生命周期管理策略，从基础理论逐步延伸到具体实践，为读者勾勒出管理数据资产的明晰路径。

第二部分（第五章至第九章）以数据资产交易为核心，从定价、交易模式到市场规则展开深入探讨，挖掘数据在商业生态中的流通价值，同时结合合规性与技术保障，为数据交易实践提供参考。

第三部分（第十章至第十五章）围绕数据资产运营，基于用户行为视角，介绍指标设计、运营模型及优化策略等内容，呈现如何在实践中持续释放数据资产的应用价值潜力。

本书的写作过程中得到了很多行业专家和实践者们的支持，另外，四川省社会科学院的李珊珊也参与了本书写作的部分工作，在此，一并表示感谢。

本书兼具理论性与实操可行性，适合对数据资产管理和应用感兴趣的企业管理者、技术人员及研究者阅读参考。

目　录 CONTENTS

第一部分
数据资产管理篇

第一章　数据资产为何如此重要　002

一、什么是数据资产？　002

二、数据资产有什么特征？　004

三、数据资产 vs 传统资产　007

四、数据资产的巨大潜力　009

第二章　数据的生命之旅：从诞生到涅槃　013

一、数据生命周期的介绍　013

二、数据生命周期管理的策略　015

三、隐性数据资产与历史数据资产　033

第三章　数据素养觉醒：数据素养的力量　040

一、什么是“数据素养”？　040

二、数据素养的关键能力　042

三、数据素养提升的方法与途径　045

四、不同角色的数据素养要求　049

五、数据素养的难题与应对　052

六、数据素养提升的案例研究　055

第四章　重塑规则：数据治理的核心逻辑　058

一、数据治理的必要性　058

二、数据治理的十大核心原则　061

三、数据治理的组织架构　072

第二部分 数据资产交易篇

第五章 发现价值：从估值到定价 082
一、数据估值的基本原则 082
二、数据估值的方法 085
三、数据定价策略 090
四、数据定价的难点与应对 094

第六章 让数据“上账”：会计处理与多元应用探索 097
一、数据入表的会计处理 097
二、数据资产的财务影响 099
三、数据资产的应用场景 102
四、数据资产的商业价值实现 105

第七章 掌控交易节奏：数据流通全流程 109
一、数据交易到底交易的是什么？ 109
二、数据交易市场的类型 111
三、数据交易的主要参与者 114
四、交易谈判与协议签署 117
五、数据交付与应用 121
六、数据交易中的合作模式 124

第八章 数据变现之道：商业模式的突破 128
一、数据出租模式 128
二、数据互换模式 137
三、平台交易模式 148

第九章 交易护航：法律与合规的智慧指南 160
一、数据交易的法律法规 160
二、数据交易的合规要求 164
三、数据交易的伦理要求 166

第三部分 数据资产运营篇

第十章 数据资产运营：价值创造的全新路径 172
一、数据资产的运营模式 172
二、数据价值创造的路径 174
三、数据资产的品牌化运营 176
四、数据资产的个体化赋能 183

第十一章 实践出真知：数据资产运营的案例研究 186
一、典型企业案例 186
二、行业应用分析 191
三、数据驱动的业务转型 201

第十二章 公共数据资产运营 204
一、公共数据有什么不同？ 204
二、公共数据的共享机制 206
三、公共数据的运营模式 209

第十三章 数据资产运营的“工具箱” 223
一、数据分析工具 223
二、数据管理平台 227

第十四章 量化价值：数据资产运营的指标与模型 239
一、数据运营的关键指标 239
二、衡量模型的设计 249

第十五章 行为驱动的智慧：数据资产运营新解 254
一、数据驱动的行为经济学研究 254
二、用户行为对数据资产管理的影响 258
三、数据资产运营中的认知偏差识别 261

后 记 265
参考文献 269

第一部分

数据资产管理篇

第一章

数据资产为何如此重要

一、什么是数据资产?

（一）数据资产的基本定义

数据资产（Data Asset）是指特定主体合法拥有或者控制的，能进行货币计量，且能带来经济利益或社会效益的数据资源。作为一种重要的无形资产，数据资产涵盖结构化数据（如数据库、数据表）和非结构化数据（如文本、图像、视频等），以及这些数据经过加工、分析后形成的知识。

数据资产不同于普通数据，其关键在于经过整理、加工或分析后，能够直接应用于企业决策、产品创新、运营优化和市场竞争。因此，数据只有在满足可用性、相关性和价值性三大特征时，才能被认定为数据资产。

（二）数据如何成为企业的资产

数据要成为资产，需具备以下条件和转化过程：

1. 拥有合法性和专属性

数据来源必须合法，符合数据采集和使用的相关法规（如 GDPR①、CCPA②），以确保数据权益归属明确。同时，数据的专属性，即数据对企业的独特价值是关键因素。

2. 具备可用性

数据需要经过清洗、加工和存储，使其在质量、结构和一致性上能够满足业务需求。脏数据或孤立数据虽然占用资源，但因其无法直接被采用，故不能被视为资产。

3. 赋予经济价值

数据需要与企业核心业务或战略目标相关联。例如，电商企业的用户购买记录数据，能够支持精准营销、推荐系统和库存优化，是高价值数据资产。数据价值可通过多种形式体现，包括降低成本、提高效率、增加收入和辅助决策。

4. 被纳入管理和利用体系

数据资产需经过专业化管理，纳入企业数据治理框架，通过数据生命周期管理来保障其持久的价值创造能力。

（三）数据资产的意义

1. 支撑决策

数据资产为企业战略决策提供依据。例如，通过对历史销售数据的分析，企业可以优化产品定价策略。

2. 提升效率

数据资产的有效利用能够提升业务流程效率。例如，通过数据驱动的供应链管理，企业能更精准预测需求并优化资源分配。

3. 创造创新机会

数据资产是企业数字化转型的核心，通过挖掘数据价值，可以促进产品和服务创新。例如，金融行业通过分析客户数据开发个性化理财产品。

---

① 《通用数据保护条例》。

② 《加州消费者隐私法案》。

4. 增强竞争力

数据资产是企业在数字经济时代竞争力的新基石。拥有更多高质量数据的企业，能够更好地满足市场需求并抢占市场份额。

二、数据资产有什么特征?

数据资产作为一种新型的无形资产，拥有与传统资产不同的特征，这些特征决定了其独特的价值、管理方式以及在企业中的作用。在数字经济时代，数据资产正日益成为推动企业创新、优化运营和提升竞争力的核心资源。了解数据资产的特征，有助于企业更好地对其进行管理和应用。

（一）可复制性

可复制性是数据区别于传统资产的显著特征。与土地、设备等有形资产不同，数据可以被无限次复制而不影响其原始状态，且复制的边际成本极低。数据的这种特性使其具备广泛传播的潜力，可快速在组织内部或跨组织分发，支持不同业务场景的需求。

尽管数据可以被无限复制，原始数据依然具有很高的权威性和不可替代的价值。原始数据是所有后续分析和挖掘的基础，其准确性和真实性对企业决策至关重要。在复制和传递过程中，数据可能面临失真或不完整的风险，这就要求企业采取措施来确保数据质量，保证从原始数据到衍生数据的一致性。

可复制性带来了数据的增值潜力，但也加剧了数据管理的复杂性。企业需要制定明确的数据访问和权限控制策略，确保数据在复制过程中得到适当保护，规避数据泄露和滥用的风险。

（二）时效性

数据的时效性是影响其价值的关键因素之一。与传统资产通常具备长期稳定的价值不同，数据的价值往往随着时间推移而快速贬值。实时性和新鲜度对数据资产价值有直接影响，尤其是在动态市场中，过时的数据不仅无用，甚至可能误导决策。

企业需要不断更新数据，以保持其对业务决策的有效性。如果不能及时更新消费者的购买偏好数据，将难以支持精准的市场营销策略。因此，企业必须建立有效的数据管理机制，以确保数据能够实时采集和更新，以反映市场的最新变化和动态。

实时数据能够为企业的快速响应提供支持，使其更灵活地适应市场环境的变化，以提高决策的准确性和时效性。此外，数据的快速贬值特性也意味着企业需要关注数据的存储成本及其带来的价值失衡，避免长期存储无用数据而造成不必要的资源浪费。

（三）增值性

数据资产的增值性是指通过分析和挖掘等手段，使数据转化为信息，甚至是知识，从而为企业带来额外的附加值。原始数据经过深度分析，可以发现隐藏的模式、趋势和关联，进而为企业的战略制定、产品开发和客户服务提供科学依据。

通过数据增值，企业可以实现从数据到知识的转化，支持智能化业务决策。数据的增值特性具有复合增长的特点。随着企业数据积累量的增加和数据分析技术的进步，数据资产价值可呈现指数级增长。

在客户数据中，单个客户的交易记录可能价值有限，但通过分析大量客户的行为数据，可提取出市场趋势，有助于业务优化。这种复合增长的增值性使数据资产在企业中的战略地位不断提升，但也对企业的数据分析能力提出了更高的要求。

企业需要构建强大的数据分析团队和技术平台，才能确保从数据中提取出有效价值，并不断挖掘数据的潜在用途。

（四）共享性

数据的共享性使其成为企业内部协作和跨企业合作的重要桥梁。数据可以在多个系统、部门甚至不同企业之间实现共享，并能优化业务流程和提高协同工作效率。

在供应链管理中，通过共享库存和销售数据，供应商和零售商可以更好地协同发展，减少库存压力和物流成本。然而，数据的共享性也伴随着数据孤岛问题。数据孤岛是指数据分散存储在不同系统中，缺乏统一的标准和接口，使数据难以整合和利用。

为了克服这一问题，企业需要建立统一的数据标准和数据集成平台，以实现数据跨区域、跨系统共享。通过有效的数据共享机制，企业可以实现信息的高效流动，促进整体业务效率提升。

同时，数据共享还需要充分考虑数据隐私和安全问题，特别是在涉及个人数据或敏感商业数据的情况下。企业应通过数据加密、权限控制等技术手段，确保数据在共享过程中的安全性，防止数据泄露和滥用。

（五）价值评估与管理的复杂性

数据资产的价值评估是一项复杂过程，因为数据价值受多种因素影响，如数据质量、数量、时效性以及应用方式等。与传统资产可以通过市场价格或评估标准来确定其价值不同，数据价值往往具有高度的情境依赖性和不确定性。

同样的数据集在不同的业务场景中可体现出完全不同的价值。在营销活动中，消费者的行为数据可能具有很高的价值，因为它能够支持精准广告投放，而在其他不相关的业务场景中，这些数据的价值可能相对较低。因此，企业在评估数据资产价值时，需要结合数据的使用场景、质量及其对业务的支持程度等多个因素，且数据资产的管理复杂性也体现在其动态性和不可见性上。数据需要经过采集、清洗、存储、分析等多个环节，且环节中的每一步都可能影响数据的最终价值。企业需要通过数据治理措施，确保数据在整个生命周期内保持高质量，并能持续为业务创造价值。

数据的增值潜力同样不可忽视。数据不仅可以通过直接分析来实现价值，还可以通过与其他数据集结合来产生新的价值。将客户购买数据与市场趋势数据结合，可更好地预测消费者需求。企业应当不断探索和创新数据的应用方式，充分挖掘数据的潜在价值。

数据资产的特征——可复制性、时效性、增值性、共享性，以及价值评估与管理的复杂性——在企业管理中既带来巨大机遇，也带来一些挑战。企业需要制定有效的数据管理策略，将这些特征转化为竞争优势。

通过高效的数据管理和利用，企业能够获得深刻的业务洞察，优化运营流程，实现持续创新。掌握并应对这些特征，是企业在数据驱动时代取得成功的关键。

三、数据资产 vs 传统资产

数据资产作为一种独特的无形资产，与传统资产（包括有形资产和无形资产）在性质、管理方式以及价值实现路径上有着显著差异。以下从多个维度详细对比数据资产与传统资产的特点和差异。

（一）形态上的区别

1. 数据资产

数据资产是以数字形式存在的无形资源，通常以文件、数据库或代码的形式存储在计算机系统或云端。它们没有具体的物理形态，但可以通过技术手段被读取、处理和分析。

2. 传统资产

传统资产包括有形资产（如土地、建筑、设备）和无形资产（如专利、商标）。有形资产具有明确的物理存在，无形资产则通常与特定法律权利或契约绑定。

（二）复制与使用方式的区别

1. 数据资产

数据资产可以被无限次复制而不影响原始数据的完整性。这种可复制性使数据可以同时应用于多个场景，增加了安全和隐私保护的复杂性。

2. 传统资产

有形资产在使用时通常具有排他性，无法同时被多方使用。例如，一台设备被一条生产线使用时，无法同时服务于另一条生产线。无形资产（如专利）虽然具有许可性，但仍需通过法律保护其独占性。

（三）价值体现与实现的区别

1. 数据资产

数据的价值通常是潜在的，必须经过分析、挖掘和利用才能体现。数据价值往往体现在对业务的支持能力上，如通过用户数据优化产品设计，或者通过供应链数据提升运营效率。

2. 传统资产

传统资产的价值通常是显性且可直接量化的。例如土地的市场价格或设备的生产能力可以直接反映其价值。

（四）时效性的区别

1. 数据资产

数据资产的价值具有很强的时效性，新数据通常更具商业价值。随着时间推移，数据可能因失去相关性或准确性而贬值。比如一年前的市场数据对当前决策的参考意义可能有限。

2. 传统资产

有形资产的价值通常较为稳定，即便随着时间推移可能因折旧而贬值，但其本质功能和物理特性不会快速变化。无形资产（如品牌价值）也可能因积累而提升。

（五）管理与运作方式的区别

1. 数据资产

数据资产的管理依赖于技术工具和平台（如数据湖、数据仓库），并需要实施复杂的数据治理措施，包括数据质量控制、隐私保护和安全保障。

2. 传统资产

传统资产的管理主要关注物理维护、存储和折旧处理。例如设备需要定期保养，土地需要规划和开发。

（六）法律保护与权属的区别

1. 数据资产

数据资产的法律保护机制尚未完全成熟。虽然数据所有权、使用权和隐私保护正在成为法律界讨论的热点，但国际上对数据权属和交易的统一标准尚未形成。

2. 传统资产

传统资产通常有明确的所有权和法律保障，例如土地产权证书或专利注册文件，这使其权属争议较少。

（七）交易方式的区别

1. 数据资产

数据资产的交易方式较为复杂，可通过直接出售、租赁或许可的方式进行。在数据交易中，定价难度较大，因为数据的价值受到多种因素（如质量、时效性和用途）影响。

2. 传统资产

传统资产的交易方式通常较为直观，可通过市场价格或评估价值完成交易，如房产交易通常以市场价格为基础。

（八）消耗与更新的区别

1. 数据资产

数据资产的使用不会使自身价值被消耗，但可能会因为失去相关性或被新数据替代而出现贬值的情况。但值得注意的是，数据资产可借助数据采集、及时更新等操作，来维持其在企业运营与决策过程中的价值。

2. 传统资产

有形资产在使用过程中会被逐步消耗（如设备磨损）或因时间推移而贬值（如建筑老化）。无形资产则可能因使用范围或时间限制而逐渐失效（如专利过期）。

四、数据资产的巨大潜力

数据资产作为数字经济时代的核心资源，其内涵远超简单的原始数据集合。它是通过收集、存储、加工和分析等过程所提取的战略性资源，能够为企业创造经济价值并构筑竞争优势。理解数据资产的内涵与应用价值，有助于企业在实际运营中充分挖掘和利用这一关键资源。

（一）数据资产的内涵

1. 数据资产的多层次结构

数据资产并非单一维度的存在，而是呈现出多个层次。

原始数据：直接从业务活动或外部采集而来的、未经加工的基础数据。

加工数据：经过清洗、整理和转换的标准化数据，具有更高的质量和可用性。

分析成果：通过数据分析、挖掘和建模所获得的见解和结论，如用户画像、预测模型等。

知识资产：基于数据分析成果转化而成的商业规则、策略和智能决策能力。

2. 数据资产的动态性

数据资产是动态的，其价值会随时间、场景和业务需求的变动而变化。例如，电商的实时交易数据在促销活动期间价值颇高，一旦过期，可能仅能用于历史趋势分析。

3. 数据资产的经济属性

数据资产既具有消费性（可多次使用且不损耗）又具有投资性（需要持续投入以维持其价值）。其经济属性体现在以下方面。

稀缺性：高质量数据难以被复制，尤其是那些具备独特商业价值的数据。

溢出效应：数据的应用往往对业务产生倍增效应，比如借助精准营销提升销售额。

4. 数据资产的战略性

数据资产在企业战略中扮演着重要角色，是企业数字化转型和商业模式创新的核心驱动力。它不仅能助力现有业务的优化，还为企业开拓新市场和新服务提供依据。

（二）数据资产的应用价值

1. 支持业务决策

数据资产通过数据驱动的方式为企业提供科学依据，提高决策的精准度和效率。

实时决策支持：例如，金融行业利用市场数据达成秒级交易决策。

战略决策支持：例如，通过市场数据分析来选定最优的市场进入策略。

2. 优化业务流程

数据资产能够通过监控和分析提升企业运营效率，减少资源浪费。

供应链优化：运用销售和库存数据预测需求，避免过剩或缺货现象。

生产流程改进：通过设备数据分析发现瓶颈并优化生产流程。

3. 推动客户理解与营销

数据资产帮助企业深入了解客户需求，提升客户满意度和忠诚度。

用户画像：依据用户行为数据，构建精准的客户细分，为个性化营销提供支撑。

营销优化：通过对客户购买习惯的分析，调整促销和广告策略。

4. 驱动产品创新

数据资产可以挖掘市场需求，推动产品和服务的创新。

需求分析：通过社交媒体和市场调研数据，洞察客户痛点，为新产品开发提供参照。

产品改进：凭借用户反馈数据优化现有产品，改善用户体验。

5. 提升竞争优势

数据资产为企业提供难以复制的竞争力，助力企业在激烈的市场竞争中占据有利地位。

数据壁垒：通过积累独特的数据资源构建行业壁垒，例如独特的用户数据或行业专有数据。

差异化竞争：通过数据分析提供个性化服务，增强客户黏性。

6. 实现直接经济收益

数据资产在特定情形下能够通过交易或共享获取直接的经济收益。

数据交易：企业可以将非核心业务数据出售或出租，以获得额外收入。

数据共享：与合作伙伴共享数据，实现互惠互利，例如物流公司与电商企业共享数据以提升配送效率。

（三）数据资产的典型应用场景

1. 金融行业

利用客户信用数据进行风险评估，优化贷款审批流程。

通过实时交易数据构建高频交易模型，提升投资回报率。

2. 零售行业

通过消费者购物数据，优化商品分类和货架布局。

利用数据预测季节性需求，调整库存和供应链计划。

3. 制造行业

通过设备数据监控，实现预测性维护，缩短设备停机时间。

通过生产数据优化排产，降低生产成本。

4. 公共服务

利用人口数据和城市数据，优化公共资源分配，如交通和医疗服务。

开放公共数据，推动智慧城市建设，提升社会治理能力。

第二章

数据的生命之旅：从诞生到涅槃

数据的生命周期就像一个生命体的成长旅程，涵盖数据的创建、收集，到存储、使用，再到最终的归档和梳理等环节，每一步都至关重要。数据生命周期管理（Data Lifecycle Management，DLM）是一套系统化的策略和实践方法，旨在全面管理这一流程。借助DLM，企业能够有效地提高数据质量，降低管理成本，最大限度地发挥数据的业务价值。

一、数据生命周期的介绍

数据生命周期通常分为以下几个阶段。

（一）数据的创建和收集

数据来源：内部系统（如ERP、CRM[①]）、外部系统（如社交媒体、传感器），或手动输入获取。

数据格式：结构化数据（如数据库中的数据）、半结构化数据（如XML、JSON）和非结构化数据（如文本、图像、视频）。

---

① 客户关系管理。

（二）数据的存储

存储方式：数据可以存储在不同的介质上，如硬盘、云存储、磁带等。

存储结构：数据可以按照不同的形式进行组织，如关系型数据库、NoSQL 数据库、数据仓库等。

数据备份：为防止数据丢失，需要定期对数据进行备份。

（三）数据的处理和分析

数据清洗：对数据进行清洗，去除错误、重复和不一致的数据。

数据转换：将数据转换为适合分析的格式。

数据集成：将来自不同源头的数据进行整合。

数据分析：利用数据分析工具对数据展开深入分析，提取有价值的信息。

（四）数据的使用

数据共享：将数据共享给有权限的用户或系统。

数据应用：将数据应用于决策支持、业务流程优化、产品开发等方面。

（五）数据的归档和销毁

数据归档：将需要长期保存的数据归档到成本较低的存储介质上。

数据销毁：对不再有价值的数据进行销毁，以保障数据安全。

（六）数据生命周期管理的重要性

保证数据质量：DLM 能够确保数据的准确性、完整性和一致性。

提高数据利用率：DLM 可以帮助企业更好地管理和利用数据资源，提高数据价值。

降低数据管理成本：DLM 可以优化数据存储和处理流程，降低数据管理成本。

增强数据安全：DLM 可以助力企业更好地保护数据安全，防止数据泄露。

数据生命周期管理是一项系统性工程，涉及数据的整个生命周期。通过对数据生命周期各个阶段进行有效管理，企业可以更好地提升数据资源的利用率，从而增强自身竞争力。

二、数据生命周期管理的策略

数据生命周期管理的策略旨在为数据从生成到销毁的全过程提供系统化指引和方法，确保数据在不同阶段均能实现其最大价值，并避免风险和浪费。以下是针对数据生命周期各不同阶段的具体管理策略，每一阶段的策略独立且与其他内容呈互补态势。

（一）数据生成阶段的管理策略

数据生成阶段作为数据生命周期的起点，直接左右着后续阶段的数据质量和价值。良好的数据生成策略不仅能提高数据的可靠性，还能降低数据清洗和处理的复杂程度。

1. 建立数据输入规范

（1）数据生成规则

为数据生成拟定清晰明确的规则，包括字段格式、数据范围和命名约定。例如，确保时间字段使用统一的“YYYY-MM-DD-HH”格式，货币字段精确到两位小数，文本字段的字符编码采用 UTF-8 标准。

（2）字段校验机制

设置实时校验规则，检测数据输入时的格式和逻辑是否有误。例如，针对必填字段，查测是否为空；对于数值字段，确保其处于预设范围内；对于日期字段，校验其时间戳是否在合理区间。

（3）动态规则调整

建立灵活的数据生成规则配置平台，以便规则能够依据业务变化进行动态调整。随着税务政策的变化，能够即时更新财务数据的输入要求。

（4）实时反馈机制

在数据输入错误时，系统能够实时提示出现的问题，如“订单编号不能为空”或“价格超出允许范围”，并引导用户予以修正。

（5）上下文感知输入校验

引入上下文敏感校验机制，使系统能够根据其他字段的输入情况自动开展校验。例如，在订单系统中，如果输入的订单金额远低于“商品单价 × 数量”的计算结果，系统会实时提示校验冲突。

（6）输入引导和自动补全

通过自动补全和动态字段显示优化用户体验。根据用户之前的输入自动填充默认值（如地址或常用的选项），同时动态调整表单字段的显示内容以适应当前情境。

2. 引入数据质量自动化检测

（1）实时检测工具

使用数据质量工具对生成的数据开展自动化实时检测。依照预设规则对字段的完整性、一致性和正确性进行逐一核查。

（2）异常数据触发机制

一旦检测到异常数据（如关键字段为空、数据重复或不合理值）时，系统便自动触发警报，生成问题报告，并将问题记录在日志之中。

（3）批量数据采样检测

针对大规模生成的批量数据，实施周期性采样检测，统计数据的合规率和错误分布状况，从而能及时调整生成策略。

（4）历史数据基准对比

引入基准对比功能，把新生成的数据与历史数据的特征分布加以比对，以发现潜在异常。若新生成的交易数据中某字段的分布显著偏离历史分布，可触发进一步审查。

（5）动态检测优化

实时监测规则的应用成效，依据异常报告出现的频率和特征动态优化检测规则。在发现某些特定类型的字段频繁出现异常之后，可针对该字段设定更为严谨的校验标准。

（6）分层检测机制

在数据生成过程中实施基础校验（如字段完整性）和高级校验（如逻辑一致性）的分层检测机制，保障数据在进入下一环节前具备全面性和精确性。

3. 合规性管理

（1）数据采集授权

在数据生成界面嵌入授权提示和选项，在采集用户个人数据时提示“同意我们收集和处理您的个人信息用于优化服务”，并记录用户的授权选择。

（2）法规要求嵌入

针对不同地域和行业的数据生成需求，嵌入符合 GDPR、CCPA 等法规的合规要求。比如，在欧盟地区的数据生成模块中，自动屏蔽未获授权的敏感数据字段。

（3）敏感数据标记

在生成过程中，对敏感字段（如身份证号、银行卡号）进行标签化管理。在生成含有个人信息的数据时，系统自动添加“敏感”标签，并启动加密或脱敏操作。

（4）合规日志记录

在生成阶段，记录详细的操作日志，包括生成数据的来源、生成时间、处理过程及使用范围等信息，以满足合规审计和溯源需求。

（5）隐私保护默认设置

在数据生成工具中，默认启用隐私保护功能，如数据最小化（只采集业务所需的最小字段）和匿名化处理，确保即使在没有用户干预的情况下也能满足合规要求。

（6）自动合规审查工具

系统定期运行合规性审查工具，检查生成数据是否符合最新的法律法规要求，如数据采集的合法性、敏感信息处理方式的规范性等。一旦发现不合规项，系统会自动生成调整建议。

通过以上策略的完善，数据生成阶段不仅能够高效产出高质量的数据，也能为后续的分析和应用奠定坚实的基础。在实时反馈、动态优化和合规性保护的加持下，企业能够确保数据生成过程的严谨性和灵活性，从而使数据的运营价值最大化。

（二）数据采集与整合阶段的管理策略

数据采集与整合阶段是将分散的数据资源转化为高质量、可用数据集的重要环节。借由优化采集流程和整合手段，可以提高数据的完整性、一致性和可用性，进而为后续的分析和应用奠定坚实基础。

1. 多渠道采集协作机制

（1）集中式采集平台的建设

在企业内部建立统一的数据采集平台，该平台能够集成多个数据来源并配备模块化的管理工具。

跨系统采集：对 ERP、CRM 等业务系统中的数据加以整合，避免因各部门分别采集相同类型数据而造成资源浪费。

外部数据整合：对接外部 API①，如市场情报、天气数据等，实现跨组织的实时数据获取。

物联网数据接入：通过 IoT② 网关集中接收传感器数据（如设备状态、环境指标），并同步到平台。

（2）ETL 工具的优化应用

在传统 ETL③ 流程的基础上优化采集效率：针对复杂数据源（如 JSON 格式或非结构化数据），配置与之适配的转换脚本，以提高处理速度。

动态任务调度：根据业务高峰期的状况自动调整数据提取频率，防止系统负载过高。

（3）数据实时采集与批量采集的结合

为满足不同场景的数据需求，采用混合采集策略。

实时流处理：使用工具（如 Apache Kafka 或 Flink）处理高频数据流（如实时交易数据、用户行为日志），确保数据的实时性。

批量采集：针对定期汇总的数据（如月度销售数据或库存报告），采用批量导入方式，以降低实时数据带宽的消耗。

（4）采集监控与反馈

强化采集过程中的监控与反馈功能。

采集进度追踪：实时监测采集任务的进度，确保数据按时到达。

---

① 应用程序编程接口。
② 物联网。
③ 提取、转换、加载。

自动错误日志记录： 采集失败时，系统自动生成日志，包含失败的时间、数据源及可能的原因，以便快速排查问题。

采集质量分析仪表盘： 提供可视化的采集质量分析结果，如数据缺失率、采集频率分布等。

2. 去重与标准化整合

（1）去重算法的智能升级

结合人工智能和规则匹配来设计去重算法。

基于机器学习的相似度分析： 利用文本嵌入技术（如 Word2Vec）对非结构化数据开展语义匹配，进而合并重复记录。

规则与模型结合： 对于结构化数据，采用规则匹配方法（如主键匹配）；而对于无明确主键的数据，结合模型的模糊识别功能予以处理。

（2）数据字段标准化

拓展字段标准化功能。

多单位转换： 能够自动识别货币单位、重量单位等并进行标准化转换操作，如将不同货币统一转换为本地货币。

字符编码统一： 对于跨国数据源，支持多语言字符编码的转换，并优先采用 UTF-8 格式以确保其兼容性。

（3）数据完整性与一致性校验

添加高级校验机制。

规则引擎支持： 配置可扩展的业务规则引擎，以便动态添加或修改校验规则。例如，订单数据须确保“订单金额”字段与“商品数量 × 单价”相匹配。

分布式校验： 在大规模数据整合中采用分布式校验工具，以确保在高并发情形下的整合效率。

（4）版本控制与溯源机制

强化版本管理功能。

版本冲突提醒： 当多个版本的数据集产生逻辑冲突时，系统自动发出提示，并记录冲突的缘由及解决建议。

变化日志记录： 细化日志内容，记录整合过程中字段的新增、修改、删除等详细信息，以便为审计和溯源工作提供有力支持。

3. 数据源信任评估

（1）数据源质量审计

扩展审计维度和频率。

动态评分模型：根据数据源的稳定性、时效性以及数据质量等方面自动计算动态评分，以此来反映数据源的实时可信度。

数据波动检测：通过识别数据更新频率所出现的异常变化，进而对数据源的潜在问题做出判断。

（2）外部数据的源头验证

加强外部数据验证手段。

多维度交叉验证：利用多个相互独立的来源对数据的准确性进行验证。比如，利用政府统计数据来交叉核对第三方供应商所提供的数据报告。

签名认证机制：对外部数据源的数据传输环节加入数字签名验证流程，以确保数据来源的合法性和完整性。

（3）建立数据供应商评分体系

完善评分体系。

权重动态调整：根据数据的具体应用场景来动态调整各评分指标的权重。在高频更新的数据应用场景中，时效性占比更高；而针对研究性数据来说，历史准确性则显得更为关键。

反馈机制：根据使用部门所反馈的实际情况对评分标准进行调整，确保评分体系能确切反映实际应用需求。

（4）信任数据标记与优先使用

增强数据标记功能。

多层次标记：除了常规的“信任”与“低信任”标记，还需添加“需验证”标记，以此提示用户在数据整合前要完成相应的验证步骤。

动态信任更新：当数据源的评分出现下降或上升情况时，信任标记能够实时进行更新，确保在整个数据整合过程中可以参考最新的信任评估结果。

通过以上完善的采集与整合策略，企业在面对多源、多类型数据整合时，能够高效应对各类复杂场景，确保数据的准确性、一致性及透明度，为后续的数据分析与应用提供稳固支持。

（三）数据存储阶段的管理策略

数据存储阶段是数据生命周期中的核心环节，直接影响数据的可用性、安全性以及长期保存能力。通过科学的存储策略和优化措施，企业能够合理分配存储资源，提升业务连续性和系统运行效率，同时满足严格的安全与合规要求。

1. 分级存储策略

高频存储：高频存储旨在满足实时业务数据的高速读写需求，确保关键数据能够被快速访问。

数据库集成优化：选择高性能数据库（如 Oracle、MySQL、PostgreSQL）并配置索引优化以缩短查询时间。结合内存数据库（如 Redis）对热点数据进行缓存，从而大幅提高访问速度。

高性能存储设备：采用企业级固态硬盘（SSD）或 NVMe 存储设备，存储实时交易记录、用户行为数据等。

读写分离机制：对高频数据的访问采用读写分离策略，采用主从数据库架构，确保写入与读取操作互不干扰。

低频存储：低频存储适用于访问需求较低但需长期保存的数据，这些数据往往涉及归档或合规要求。

自动分层存储：通过存储分层策略，将使用频率较低的数据自动迁移至低成本存储系统（如磁盘阵列或对象存储）中。

对象存储解决方案：利用 AWS① S3、Azure Blob Storage 等服务存储归档数据，支持灵活的访问需求，同时降低存储成本。

长期存储优化：对历史财务记录、客户合同等数据进行压缩存储，并结合标签化管理以便后续查询。

冷存储：冷存储主要用于极少访问的历史数据和长期备份，其重点在于降低存储成本。

磁带存储技术：磁带库仍是低成本长期归档的重要选择，适合存储多年的非关键数据。

冷云存储服务：采用 Google Coldline、AWS Glacier 等冷云存储

① 云计算。

服务，既满足成本需求，又保留在必要时的有限访问能力。

智能归档规则：结合冷存储自动归档策略，将一定时间内未访问的数据自动转移到冷存储中，并保留检索索引以便快速定位。

2. 性能优化

（1）存储架构优化

分布式存储架构：采用分布式存储（如 Ceph、HDFS）处理大规模数据存储需求，通过数据分片提高访问效率和系统扩展性。

冷热数据分离存储：通过分析数据访问频率，将访问频繁的数据存储在高性能设备上，将低频访问的数据迁移至低成本存储设备上。

（2）索引与压缩技术

索引结构优化：为常用查询的字段建立多级索引（如 B 树索引或哈希索引），以减少查询所需的时间复杂度。

动态压缩策略：对不同行业数据采用适合的压缩算法（如 Gzip、Zstandard），在保证数据完整性的同时，减少存储空间的占用。

（3）性能监控与资源优化

监控工具部署：采用 Prometheus、Grafana 等工具实时监测存储设备的性能指标，包括读写速度、延迟和吞吐量。

资源动态调整：利用弹性存储技术，根据业务需求动态扩展或缩减存储资源，避免资源闲置或短缺。

3. 加密与访问控制

（1）存储加密技术

透明数据加密（TDE）：在数据库层直接启用透明加密，确保数据在存储过程中始终处于加密状态，而无须对应用程序进行额外改动。

字段级别加密：对敏感字段（如身份证号、银行卡号）进行单独加密，以便在无须解密其他字段的情况下安全地处理特定数据。

（2）基于角色的访问控制（RBAC）

精细化权限管理：将权限分配细化到字段或表的级别，确保不同用户只能访问其职责范围内的数据。例如，市场部门可访问销售数据，但无权查看客户的个人信息。

实时权限审核：定期检查用户权限并对过期权限进行自动回收，降低因权限管理疏忽导致的数据泄露风险。

（3）安全日志与行为监控

详细日志记录：记录所有存储数据的访问行为，包括访问时间、操作类型（如查询、下载、修改）和访问源 IP。

异常检测与警报：通过机器学习模型监控访问模式，当发现异常访问行为（如异常高频查询或大规模数据导出）时，系统自动触发警报并临时阻止操作。

4. 备份与灾难恢复

（1）多层次备份策略

实时备份：对高频数据启用实时备份机制，保持数据库事务日志备份，确保在发生故障时能够快速恢复关键数据。

增量与差分备份结合：根据数据变化频率，采用增量备份或差分备份策略，减少数据重复存储的空间浪费。

异地备份：将数据副本存储在不同地理位置的数据中心，增强对自然灾害和区域性故障的抵御能力。

（2）灾难恢复设计

多区域恢复支持：结合多云环境，建立异地备份恢复机制。将主数据存储在本地数据中心，同时在 Amazon Web Services（AWS）、Azure 和 GCP 中保留实时镜像。

恢复优先级设置：根据业务影响将数据分为高、中、低优先级，确保交易数据等关键数据的恢复优先于次要数据。

（3）定期演练与测试

灾备演练计划：定期开展灾难场景（如硬件损坏、网络中断）演练，验证灾备方案的实际执行效果。

恢复时间测试：严格测试恢复流程是否满足预定的恢复时间目标（RTO）和数据恢复目标（RPO），确保业务连续性。

通过全面的分级存储策略、性能优化措施和高强度的安全与备份保障，数据存储阶段能够显著提升企业的数据管理效率和系统的可靠性。这种科学化的存储管理方法不仅能够适应快速变化的业务需求，还能在长期运行中确保数据的安全性、可用性和成本效益。

（四）数据处理与分析阶段的管理策略

数据处理与分析阶段是数据生命周期管理的关键环节，其效率和准确性直接影响数据最终价值的释放。通过科学的流程设计、自动化工具的应用和分布式计算技术的引入，企业能够优化数据处理流程，提升分析能力，为业务决策提供强有力的支持。

1. 自动化数据清洗

数据清洗是数据处理阶段的基础工作，其质量好坏决定了后续分析是否可靠。借助自动化技术和智能化工具，企业能够大幅提高数据清洗效率并减少人为干预。

（1）AI 驱动的自动化清洗

异常值检测与处理：使用机器学习算法（如孤立森林或 DBSCAN）识别数据中的异常值，并结合历史数据或业务规则予以修正。例如，在电商订单数据中，异常检测算法可以自动识别出不合理的订单金额，并建议将其调整到合理区间或标记为潜在欺诈订单。

空值填补：通过上下文数据分析或统计方法（如中位数填补、KNN 插值），实现自动化的空值填补，确保数据集的完整性。例如，在医疗数据中，可利用相似患者的历史数据填补遗失的检测结果。

错误格式修复：自动识别和修正数据格式问题，如将日期“12-31-2023”标准化为“2023-12-31”，将不同的货币单位（如 USD、EUR）统一转换为本地货币。

（2）规则引擎的应用

重复记录删除：利用规则引擎自动检测并删除重复记录。例如，在客户信息数据库中，基于主键字段（如客户 ID）匹配重复记录，或通过模糊匹配算法合并相似条目。

逻辑一致性检查：检查字段间的逻辑一致性，例如，订单金额应等于商品单价与数量的乘积。若不一致，系统会自动提示并修正错误。

单位和符号标准化：对数据字段进行单位和符号的统一处理，例如，将“千克”与“公斤”统一为“kg”，将货币字段中的“$”转换为“USD”。

（3）动态调整清洗规则

规则适配性评估：定期评估现有清洗规则的适用性，并结合数据分布变化动态调整。例如，新增针对异常值的识别规则，或优化字段一致性检查的逻辑优先级。

实时反馈机制：系统根据数据清洗的结果生成实时反馈报告，助力数据工程师了解规则执行效果并进行调整。

2. 数据沙箱环境

数据沙箱是一个独立的测试环境，专为数据处理与分析任务而设计，能够有效隔离生产系统并提供安全保障。

（1）沙箱环境的创建与隔离

数据副本隔离：从生产环境中提取数据副本至沙箱，确保测试操作不会影响生产系统的实时数据。

操作独立性：所有分析操作均在沙箱环境中独立运行，以防止错误操作对原始数据造成破坏。

（2）分析模型与算法验证

模型效果测试：在沙箱环境中对预测模型和分析算法展开测试。使用历史数据验证机器学习模型的准确性，并根据测试结果调整参数。

效率评估：对算法的执行效率进行评估，确保其能够处理大规模数据集，避免因资源不足导致的性能瓶颈。

（3）风险控制与安全措施

数据脱敏处理：在数据进入沙箱前，对敏感信息（如用户身份数据）进行脱敏处理，确保分析人员无法直接接触个人信息。

权限控制：设置严格的访问权限，仅允许授权用户操作沙箱环境，同时记录所有操作行为以备审计。

3. 分布式处理框架

随着数据规模的不断扩张，单一计算节点已难以满足大规模数据处理需求。分布式处理框架能够显著提升处理效率和系统可靠性。

（1）分布式技术的应用

Hadoop 批量数据处理：通过 Hadoop 的 MapReduce 框架实现批量数据处理。适用于处理日志文件或历史交易记录，能够快速完成大规模数据的清洗与汇总。

Spark实时处理： 利用Spark的内存计算能力，支持实时数据分析任务，如监控实时流数据（如用户点击日志）并生成实时报告。

（2）任务调度优化

资源动态分配： 根据任务的规模和紧急程度动态分配计算资源，避免因资源竞争导致的性能瓶颈。高优先级任务可临时获取更多计算节点的支持。

并行任务分配： 优化任务调度策略，最大化利用计算资源。通过合理分配任务的粒度和依赖关系，缩短节点间的等待时间。

4. 高级分析与自动化支持

（1）智能数据分析工具

采用智能化工具（如Tableau、Power BI）简化数据分析流程，支持可视化展示和高级分析。

拖拽式分析： 分析人员无须复杂编程即可完成数据查询和图表制作，快速了解数据趋势。

实时数据可视化： 利用工具生成实时数据仪表盘，便于监控关键指标并快速响应业务需求。

（2）自然语言处理（NLP）集成

文本数据分析： 对非结构化文本数据（如用户评价、社交媒体评论）进行情感分析和关键词提取，帮助企业理解用户需求。

问答式分析： 结合NLP技术，支持分析人员通过自然语言提问（如“上月销售额是多少？”）直接获取结果。

（3）自动化报告生成

定时报告： 系统自动生成日报、周报、月报，涵盖主要业务指标，减少人工报告制作工作量。

自定义报告： 用户可设置自定义条件，生成满足特定需求的分析报告，如特定地区的销售趋势或某类客户的消费行为分析。

通过智能化和自动化的管理策略，数据处理与分析阶段能够实现高效、安全、可持续的运营。这不仅提高了数据的利用率，还为企业的决策和创新提供了准确而有力的支持。

（五）数据共享与分发阶段的管理策略

数据共享与分发阶段是数据生命周期管理中的重要一环，贯穿企业内部协作与外部合作的关键场景。通过科学的管理策略，能够保障数据共享的透明性、安全性和高效性，为数据价值的最大化提供可靠支持。

1. 权限分配与审计机制

（1）细粒度权限分配

权限管理是数据共享的核心环节，精细化权限配置可以有效降低数据泄露风险，同时确保数据的合理使用。

基于角色的权限分配（RBAC）：按照岗位职责设置权限。例如，财务部门仅能访问财务报表和预算数据，而营销团队只能查看客户行为数据和消费趋势。

动态权限调整：系统需实时跟踪用户角色变化（如岗位调整或项目结束），自动更新或撤销相应的权限，避免因权限冗余而造成安全隐患。

情景化权限分配：根据特定场景自动调整权限。例如，敏感数据在节假日期间或非工作时间被访问时，需要额外的身份验证。

（2）层级权限管理

只读权限：用户可以查看数据但无法编辑或下载，适用于对敏感数据审阅的场景，如合规性检查。

编辑权限：允许在特定数据集上进行修改，但须保留修改日志以供审计追踪。

导出权限：限制数据的下载和导出操作，仅允许授权用户通过审批后导出数据，并对导出的数据进行标记。

（3）日志审计功能

日志审计系统是监控数据共享行为的重要手段。

全面记录：包括访问者身份、访问时间、操作类型（如查看、修改、下载）以及操作对象。

异常行为检测：结合机器学习算法分析日志数据，识别异常访问行为（如高频访问或未经授权的操作），并及时生成警报。

日志归档与备份：将日志数据定期归档以满足长期审计需求，同时提供快速检索功能以支持合规性检查。

（4）审计报告生成

自动化报告：为管理层提供自动化的权限使用和审计报告，涵盖数据共享频率、异常行为记录以及潜在风险。

实时可视化：通过可视化工具（如 Power BI）展示权限使用和访问行为，为管理层提供直观的数据使用情况。

2. 数据分发加密与脱敏

（1）加密技术的应用

加密技术是保护数据分发过程中安全性的关键。

传输加密：通过 HTTPS、TLS 等安全协议加密传输路径，防止中途拦截和数据泄露。

静态数据加密：对分发的数据包进行高级加密（如 AES-256），确保数据在存储和分发过程中的不可读取性。

（2）数据脱敏处理

为确保敏感数据在共享过程中的安全性，脱敏技术的应用至关重要。

模糊化：隐藏敏感字段的具体内容，如将用户身份证号“1234567890123456”显示为“1234****3456”。

掩码处理：对部分字段进行掩码，仅显示必要信息，如银行卡号保留后四位以供验证。

匿名化：对数据集去除个人可识别信息（如用户 ID、联系方式），防止对个人身份的反向追踪。

（3）脱敏规则配置

内外有别：对外部合作伙伴共享数据时，严格脱敏所有敏感字段；对内部部门共享数据时，可根据业务需求保留有限的敏感信息。

场景定制：针对不同业务场景设计脱敏规则。在营销活动中，对数据进行部分模糊处理以支持细分市场分析。

（4）加密与脱敏工具集成

自动化工具应用：采用工具（如 Data Masker、Vormetric Data Encryption）自动完成加密与脱敏操作，减少人工干预的错误风险。

实时处理能力：结合流式数据处理工具（如 Kafka）实现对实时共享数据的动态加密与脱敏。

3. 建立共享协作协议

（1）共享协议的内容设计

在数据共享前，需通过协议明确各方的权责与使用规范。

责任划分：明确数据提供方、接收方和管理方的具体职责，如安全存储、使用合规性以及违规责任追究机制。

共享范围：定义共享数据的类型、字段、共享周期和时间范围，避免数据共享过度或敏感信息外泄。

用途限制：规定共享数据的使用场景，禁止接收方将数据用于未经授权的商业活动或其他用途。

（2）协议的动态调整

协议需保持灵活性，以应对快速变化的业务需求和法律法规。

按需更新：根据合作目标的调整或法规的更新（如 GDPR、CCPA），动态更新协议内容，确保符合最新的合规要求。

定期审查：定期组织审查会，评估协议的执行情况并调整不适应的新业务场景条款。

（3）合规性检查机制

共享范围审查：系统自动检测数据共享的字段、记录是否超出协议规定范围。

用途监督：通过内嵌的追踪机制，监控接收方的数据使用行为，确保符合既定用途。

（4）合作机制优化

引入高效分发工具：利用数据分发平台（如 Snowflake 或 Databricks）实现数据的快速共享，同时保留精细的访问控制和日志记录功能。

审批流程优化：结合智能审批工具（如 ServiceNow）自动化数据共享申请和审批流程，缩短共享流程的耗时。

4. 数据共享的透明性与安全性

（1）透明共享流程

共享全景展示：通过仪表盘展示数据共享的完整流程，包括申请、审批、分发和日志记录，便于各方了解数据流向和使用状态。

共享信息反馈：向数据提供方实时反馈共享的详细情况，显示谁在访问、访问的频率和操作类型。

(2)共享安全防护

时间限制访问：为共享数据设置有效期限，超过期限后自动撤销权限或删除临时数据副本。

水印与溯源：在共享数据中嵌入唯一标识的数字水印，便于在违规使用场景中快速溯源。

通过权限分配与审计、加密与脱敏技术的应用，以及规范的共享协作协议，数据共享与分发阶段能够在保障安全与合规的前提下，最大化数据的流通价值。这些科学的策略不仅能够提升企业内部协作的效率，还能为外部合作伙伴建立可信的数据共享体系，为业务拓展提供坚实支撑。

(六)数据归档与销毁阶段的管理策略

数据归档与销毁阶段是数据生命周期的最后环节，其管理策略对企业数据安全、存储优化和合规性具有重要意义。科学的归档策略能够延长数据的可用期限并降低存储成本，而规范的销毁流程则能够有效防止数据泄露和降低法律风险。

1. 智能归档策略

(1)自动归档规则设置

通过制定自动化规则，为长期未使用的数据设置高效的归档策略。

时间触发条件：设置自动归档触发条件，如数据未被访问超过 6 个月或 1 年时，将其迁移至冷存储。例如，将历史销售数据从主数据库迁移至云归档存储以降低成本。

业务属性分类：根据数据的业务属性制定归档规则，如将完成的项目数据或合同文档归档至历史文件夹，或将过期的交易记录自动存储到冷存储设备中。

动态调整：随着业务需求和数据访问频率的变化，归档规则能够动态调整，如调整关键业务数据的归档时间以支持长期趋势分析。

(2)兼容性强的存档格式

为了保证归档数据在未来的可用性，选择标准化的存档格式。

结构化数据格式：采用 CSV、JSON 或 Parquet 等格式存储表格和日志数据，这些格式兼容性强且支持快速解析。

非结构化数据格式：对图像、视频等非结构化数据使用通用格式（如 JPEG、MP4），避免未来因格式淘汰导致数据不可用。

压缩与加密：在存档时结合压缩和加密技术，减少存储空间占用并提高数据安全性。

（3）智能归档工具的应用

利用现代归档工具实现自动化、高效的归档流程。

自动分类：工具通过数据特征（如文件类型、创建时间、访问频率）自动分类并归档。例如，可以采用 IBM Spectrum Archive 或 Azure Blob Storage 进行归档操作。

快速检索：提供智能检索功能，支持用户通过关键词或元数据快速定位归档文件。

解压与恢复支持：归档工具支持快速解压和恢复操作，确保归档数据在需要时能够被及时获取。

（4）存档存储优化

低成本存储介质：将归档数据存储在成本较低的介质上，如云存储服务（如 AWS Glacier）或磁带存储。

混合存储策略：结合冷热存储技术，根据数据的重要性和访问频率分层存储。高敏感性但低频访问的数据可存储在加密磁带中；常规业务数据存储在云归档服务中。

长期监控：对归档数据进行定期监控，评估存储状态和可用性，并定期更新存储策略。

2. 数据销毁合规操作

（1）法律法规的遵循

在销毁数据前，须确保符合相关法规的要求，避免因不合规操作而导致法律风险。

GDPR 合规性：满足数据主体的“被遗忘权”，当用户请求销毁其个人数据时，企业须及时彻底删除相关数据。

行业法规要求：银行、医疗等行业须遵守特定的销毁流程，如

HIPAA[①]对患者数据的销毁要求或ISO标准对数据存储设备处理的规范。

（2）专业数据销毁工具的使用

采用先进的技术工具，彻底销毁数据并防止其被恢复。

DoD **覆盖算法：**使用多次覆盖（如三次擦除）的方法清除数据，以达到美国国防部标准的安全级别。

物理销毁：通过硬盘粉碎机或磁带切割机对存储介质进行物理销毁，确保敏感数据彻底不可恢复。

数字销毁工具：使用软件工具（如 Blancco Data Erasure）自动化执行数据销毁任务，并生成销毁报告。

（3）销毁操作记录与审计

为确保销毁过程的合规性和可追溯性，需记录每次销毁操作。

详细日志记录：包括销毁时间、数据内容摘要、责任人和销毁方法等信息，形成销毁日志以供审计检查。

定期审查：对销毁记录进行定期审查，验证销毁流程是否符合标准，确保销毁的完整性和有效性。

（4）销毁流程自动化

通过数据销毁管理平台减少人工操作风险。

任务自动分配：根据数据分类、敏感性和生命周期状态，自动安排销毁任务。

过程可视化：平台可实时显示销毁进度，并生成销毁结果的统计报告，供企业存档和审计使用。

3. 存档数据评估机制

（1）存档数据的商业价值评估

归档数据并非永久闲置，通过定期评估其价值，企业可挖掘其潜在收益。

访问日志分析：通过日志记录分析数据的使用频率和访问行为，判断是否需将部分归档数据恢复至活跃存储层。

历史数据利用：将归档数据用于预测分析、趋势建模或 AI 训练数据集，如利用多年销售数据构建季节性销售预测模型。

---

① 《健康保险携带和责任法案》。

（2）无用数据的淘汰

对经过评估不再具备商业价值的数据进行标记，并制订销毁计划。

批量清理：利用批量销毁工具快速删除无用数据，避免占用额外的存储资源。

归档清单更新：定期更新归档清单，剔除重复或过期数据，保持存档系统的整洁和高效。

（3）访问权限控制

为存档数据设置严格的访问权限，防止因管理不当而造成数据泄露或滥用。

多级权限管理：根据数据敏感性划分访问权限，仅授权人员可访问特定存档数据。

访问记录审查：记录所有存档数据的访问行为，并对异常访问进行实时预警。

通过科学的归档与销毁管理策略，企业能够在降低存储成本和风险的同时，确保数据的合规性与安全性。这不仅为企业优化资源配置提供了支持，还借助规范的数据处置流程，构建起应对外部监管与赢得客户信任的长期保障。

三、隐性数据资产与历史数据资产

（一）隐性数据资产的挖掘与管理

在数据驱动的企业管理中，隐性数据资产往往因其难以被识别和系统化而长期处于“沉睡”状态。隐性数据资产的挖掘与管理，旨在揭示这些未被充分利用的数据资源，并通过科学的方法和流程将其转化为企业决策和创新驱动力。以下将从识别、转化、价值应用三个方面详细阐述隐性数据资产的管理策略。

1. 隐性数据资产的识别方法

隐性数据资产是指企业中散落于日常运营、员工活动和非结构化记录中的数据资源，这些数据未经系统整理，但有潜在的商业价值。有效的识别方法是激活隐性数据资产的首要步骤。

（1）深入挖掘企业运营中的隐性数据来源

业务记录与流程日志：企业的运营流程中，存在大量未被充分挖掘的数据。例如，客户服务日志、设备运行记录、供应链中的交互数据等。这些数据通常存储于分散的系统中，因缺乏标准化管理而被忽视。通过深度挖掘这些数据，能够识别运营中的瓶颈和优化机会。

员工反馈与内部交流：员工的意见和反馈往往反映了业务实践中存在的问题与潜在的改进建议。这些数据可能以会议纪要、员工满意度调查或即时通信记录的形式存在。挖掘这些数据，可以形成对组织内部问题的全面了解。

（2）数据梳理与结构化转化

非结构化数据的结构化处理：非结构化数据（如邮件、文本笔记、图像等）是隐性数据资产的重要组成部分。通过文本提取、关键词分析和模式识别，将这些数据转化为可管理的结构化数据。例如，从邮件内容中提取客户需求，从会议记录中提炼出项目进展关键点。

数据分类与标签化：在数据梳理过程中，借助标签化技术对数据进行分类和标注。将客户投诉记录按照问题类型和严重程度分组，形成直观的数据集，便于后续分析。

（3）行为数据分析与隐性数据识别

操作日志与系统交互数据：员工在企业内部系统中的操作日志和交互记录是识别隐性数据的关键。分析员工在 CRM 系统中的操作路径，能够发现常见的操作障碍点，进而优化系统设计。

行为模式挖掘：运用行为数据分析技术，识别隐性数据中的模式。通过分析供应链的时间节点记录，发现导致延迟的关键因素。这些模式可作为改进流程和提升效率的依据。

2. 企业内部隐性知识转化为数据资产

隐性知识是企业中以经验、技巧或感性判断为基础的信息形式，其有效转化可以显著提升企业的知识管理能力和数据价值。

（1）针对隐性知识的定制化转化流程

关键字分析与业务相关性筛选：隐性知识转化的第一步是筛选具有高相关性的数据。通过对关键字的分析识别内部技术文档中与核心业务直接相关的内容，将其提取并整理为可操作的知识模块。

知识转化路径的设计：针对不同类型的隐性知识，制定多样化的转化路径。例如，将员工的口头经验记录为标准化的操作指南；将项目管理中的常见问题总结为问题库，以供后续项目参考。

（2）隐性知识与业务数据的结合

分类模型的构建：利用分类模型将员工的隐性知识与业务数据结合。例如，将销售团队的经验性反馈与实际销售数据进行对比，形成改进销售策略的依据。

知识与数据的循环验证：在隐性知识的转化过程中，可以通过数据验证其有效性。通过历史销售数据检验经验规则的准确性和适用范围，不断优化知识模型。

（3）可操作的指标体系设计

量化隐性数据的价值：为确保隐性数据资产的可用性，需要构建一套量化指标体系。衡量会议记录转化为业务优化方案的次数，或统计员工知识贡献对企业绩效的影响。

融入管理流程：只有融入企业管理流程后，隐性知识的价值才能真正体现。在季度规划中纳入由隐性数据支持的优化建议，从而将隐性数据资产的价值转化为实际成果。

3. 隐性数据资产在组织协作中的应用价值

隐性数据资产在组织协作中具有独特的价值，通过优化协作方式和提升信息透明度，为组织创新提供支持。

（1）数据微服务应用的协作效能

隐性数据与前端业务场景的连接：隐性数据通过分布式接口接入业务系统，为前端决策提供实时支持。结合客户服务日志与销售数据，实时生成客户需求分析，支持销售策略的调整。

模块化数据服务：企业可设计模块化的数据服务，使各部门能够快速调用隐性数据。HR 部门通过调用员工反馈数据优化培训计划，生产部门通过调用设备运行数据制订维修计划。

（2）流程优化的推动力

薄弱环节的精准识别：隐性数据揭示了企业运营中的盲区。通过剖析员工提交的非正式报告，发现特定业务环节中存在的效率瓶颈，从而推动流程优化。

流程透明度的提升： 隐性数据的管理让流程中的关键节点更具可视性。生产流程中设备运行日志与采购订单数据的结合，可实时反映供应链效率，为快速决策提供依据。

（3）知识型员工的赋能

支持复杂决策： 知识型员工在复杂决策中需要更全面的数据支持。通过整合隐性数据，如历史项目总结、专家评论等，员工能够更高效地制定科学决策。

提高组织灵活性： 隐性数据资产的共享和流通，使得知识型员工在跨区域协作时更具灵活性。通过访问隐性数据平台，营销团队能够直接调用研发团队的产品改进记录，设计出更有针对性的市场推广方案。

隐性数据资产的挖掘与管理，经由识别、转化和协作应用，不仅释放了企业内“沉睡”的数据资源，还为组织创新和效率提升开辟了新路径。在未来的企业管理中，隐性数据的有效管理将成为构建核心竞争力的重要基石。

（二）历史数据资产的激活策略

历史数据资产常因时间的推移以及业务环境的变化而被忽视，但其蕴藏着丰富的潜在价值。企业可以通过科学的方法与技术手段激活这些数据，挖掘其价值，并将其应用于未来的决策与运营中。以下从价值挖掘方法、数据复用技术以及时间序列分析模型三个方面进行详细阐述。

1. 历史数据的价值挖掘方法

历史数据中蕴含着企业运营与市场变化的轨迹，是理解过往成功与失败的关键依据。激活历史数据的第一步是通过有效的方法挖掘其内在价值。

（1）设计逆向回溯模型，识别关键业务转折点

逆向回溯模型的应用： 逆向回溯模型是一种从结果回溯至原因的分析手段，可用于探寻历史数据中关键事件的触发点。在销售业绩数据中，借助逆向回溯能够识别出致使销量剧增或下滑的具体原因，如市场活动、政策变化和竞争环境的波动等。

案例分析： 某零售企业应用逆向回溯模型分析其历史数据后发现，

特定促销策略在某季度的失败原因是与同期竞争对手的活动相互重叠。这一分析为未来促销活动的时间规划提供了依据。

（2）利用非监督学习模型进行聚类分析

未分类数据的潜力挖掘：历史数据中存有大量未分类的记录，这些数据或许因缺乏明确标签而未被利用。仅凭非监督学习模型（如K-means、DBSCAN），可以让这些数据进行自动分组，进而发现隐藏模式。通过聚类分析，企业可以将客户群体划分为具有不同需求的子集，为个性化服务提供支持。

实际应用：某电信企业将未分类的客户投诉记录进行聚类分析，识别出最为常见的五类问题。这不仅助力企业优化了客户服务流程，还提高了问题解决的效率。

（3）结合领域知识设计特定场景的分析模板

分析模板的构建：针对特定业务场景设计分析模板，可以更高效地挖掘历史数据。例如，面向制造业，可以设计针对设备维修记录的模板，通过分析故障原因频次和时间间隔，优化维护计划。

领域知识与数据结合：在模板设计过程中，结合领域专家的知识，可以提高数据分析的精准性。例如，通过引入供应链专家的建议，将物流数据与市场数据相结合，识别交付延迟的根本原因。

2. 数据复用技术在企业中的创新应用

历史数据的激活不仅在于挖掘其价值，还在于将其转化为可复用的数据资源，以支持企业的持续创新。

（1）增量数据融合，增强实时分析力

历史数据与实时数据的动态叠加：将历史数据与实时数据进行增量融合，可以帮助企业更全面地了解当前业务。通过对实时监测销售数据与历史季节性数据的叠加分析，企业可以预测促销活动的最优时间节点。

技术实现：数据融合工具（如ETL系统）通过定期更新和动态同步，将新数据与历史数据相结合，并实时生成分析报告。例如，银行将历史信用评分与实时交易数据相结合，用于动态调整用户的信用额度。

（2）数据结构优化，适配现代分析需求

统一转换工具的设计：历史数据往往以过时的格式存储，影响其与现代分析工具的兼容性。通过设计数据结构转换工具，可以将历史数据转化为当前可用的格式。例如，将传统的 CSV 格式数据迁移至云端支持的 Parquet 格式，以提升查询效率。

提高数据利用率：数据结构优化后，不仅提升了数据查询速度，还便于与现代工具（如 Tableau、Power BI）对接，实现数据的可视化分析。

（3）场景复用能力的构建

应用场景分析：将历史数据与当前业务需求对接，通过分析新的应用场景为历史数据寻觅复用路径。

业务领域拓展：历史数据的复用不仅局限于企业内部，还可以拓展至跨行业的应用。

3. 基于时间序列分析的历史数据预测模型

时间序列分析是历史数据预测的关键技术，通过分析数据随时间变化的趋势，帮助企业制定更具前瞻性的决策。

（1）短期与长期趋势分离，提升预测精度

趋势分解技术的应用：时间序列分解技术（如 STL 分解）将数据分解为长期趋势、周期性变化和随机波动。在分析零售数据时，长期趋势可能反映市场的整体性增长，周期性变化对应季节性需求，而随机波动则包含不可预测的因素。

案例分析：某家电企业通过趋势分解技术，发现其核心产品在过去三年的销量受季节性影响明显，从而及时调整生产计划以应对需求高峰。

（2）异常事件处理，提升模型鲁棒性

异常事件标记与处理：历史数据中可能包含异常事件（如市场突变或政策调整）而产生的极端数据点。通过给这些数据点添加标记，能够设计更具鲁棒性的预测模型。就新冠疫情期间的销售数据而言，异常波动标记有助于排除其对长期趋势预测造成干扰。

实际场景：某物流公司在新冠疫情后分析其运输数据时，借助异常标记剔除了封锁期间的波动，重新构建了更加稳定的时间序列模型，以用于未来的路线规划。

（3）场景驱动预测的行业实践

行业定制化模型：不同行业对时间序列预测的需求不同。制造业侧重于设备故障预测，物流业聚焦于运输时间预测。基于历史数据的时间序列模型，能够依据不同场景进行优化。

场景示例：

制造业：借助时间序列模型预测设备的故障发生时间，提前筹备维修事宜，从而降低停工风险。

零售业：运用时间序列模型分析预测节假日的需求波动，以此优化库存配置。

通过系统化的挖掘、复用以及预测技术，历史数据资产可以被激活成为企业的决策支持工具。这不但延续了历史数据的价值，而且借助现代化的技术手段，为企业提供了应对未来挑战的有力支撑。

第三章

数据素养觉醒：数据素养的力量

一、什么是“数据素养”？

数据素养（Data Literacy）是指人们在面对各种数据时，能够有效地收集、分析、解释并将其运用于实际情境，以支持决策或表达观点的一种综合能力。在学术研究领域，也常将数据素养称为“数据信息素养”或“统计素养”。一些学者认为，数据信息素养是建立在数据、统计、信息以及科学数据素养的基础之上，通过对这些素养重新整合而形成的一项新兴技能。其中，“统计素养”与数据素养关系最为密切，一般被定义为在日常媒体中能够阅读、理解与解释统计信息的能力。

在此基础上，还有观点认为数据素养也可以被视为“批判性思维技能”的一部分。数据素养是统计素养的必要条件，而统计素养反过来又是信息素养的必要条件。因此，数据素养的重要性不仅体现在能否使用数据工具上，更体现在能否对数据进行深入思考与批判上。

（一）数据素养的特征

具体而言，数据素养通常包括以下几方面要素。

1. 对数据的敏感性

及时感知、辨别并评估与自身或组织目标相关的数据。

2. 数据的收集与获取能力

在合法合规、恰当的方法下，快速且准确地收集所需数据。

3. 数据分析与处理能力

熟练运用统计、可视化等分析方法，整合并解释数据结果。

4. 利用数据进行决策的能力

基于数据及其分析结果，为个人或组织做出合理、可靠的决策。

5. 批判性思维

对数据来源、采集方式、分析过程及结果保持质疑和审视，避免盲目相信或滥用数据。

通过对以上多重要素的系统培养，数据素养能够帮助个人与组织更好地理解现实问题、预测发展趋势、支持精准决策，从而在信息爆炸的时代环境中占据优势地位。无论是将其称为"数据信息素养""统计素养"，还是"批判性思维技能"的一部分，数据素养在现代社会和各行各业中的价值与重要性正日益凸显。

（二）数据素养在企业中的重要性

在当今数字经济的大环境下，数据已成为企业的重要资产，而数据素养则是将这些数据转化为实际价值的关键能力。数据素养对于企业和员工而言，都至关重要。首先，数据素养对于企业的数字化发展起到基础性的支持作用。随着数据的广泛应用，企业需要能够理解并运用数据的人才来推动业务运营的优化以及决策的科学化。如果缺乏数据素养，即便拥有再多的数据以及再先进的数据工具，也难以切实实现数据的商业价值。

对于个人而言，数据素养的重要性同样不容忽视。数据素养的提升不仅有助于员工更好地完成本职工作，还能够帮助他们在复杂的业务环境中迅速做出反应。销售团队可以通过分析客户数据，寻觅到最具潜力的客户；人力资源部门则可以借助数据分析，优化招聘流程，提高人才匹配度。具备数据素养的员工更能理解业务背后的数据逻辑，从而在面临不确定性时做出明智的决策。

从企业的视角看，数据素养的普及程度直接关系到企业的竞争力。一个具备高数据素养的团队，可以迅速从市场和客户的反馈中找到业务的优化方向，减少不必要的资源浪费。零售企业通过对销售数据和客户偏好数据的分析，可以更精准地进行库存管理和市场定位。相比之下，缺乏数据素养的企业则可能在数据积累和应用上显得杂乱无章，难以迅速做出反应，从而错失市场机遇。

数据素养还为企业的创新提供了必要的支撑。在竞争激烈的市场环境中，创新往往源于对数据的深度理解和分析。通过对市场数据的挖掘，企业能够更好地察觉客户需求的变化，从而开发新的产品或服务以满足这些需求。此外，数据素养也有助于企业更好地理解自身运营的效率问题，识别流程中的瓶颈，并通过数据驱动的方式加以改进。

在数据文化的构建进程中，数据素养发挥着承上启下的作用。它不仅是企业培养数据驱动决策文化的基础，也是推动数据在日常业务中应用的桥梁。拥有数据素养的员工不仅能够理解数据，还能够对数据质疑，提出建设性的见解，从而为企业带来更具深度的讨论和决策支持。这种能力促使企业从传统的经验驱动模式迈向基于数据的科学管理模式。

综上所述，数据素养对于个人和企业都具有不可替代的重要性。它不仅是个人职业发展中的关键能力，更是企业保持竞争力、实现数字化转型的重要基础。数据素养为企业带来的不仅是业务流程的改进，更是业务模式和竞争策略的全面升级。在未来，数据素养的高低或许会成为衡量企业和员工竞争力的一个重要指标。

二、数据素养的关键能力

（一）数据理解能力

数据理解能力是数据素养的重要组成部分，它是指解读并认识数据的来源、类型、结构及其实际意义的能力。这是数据素养的基础，决定着一个人能否有效地运用数据为决策提供支持并推动业务发展。

数据的来源多种多样，可源于企业的内部系统（如 ERP、CRM）、外部平台（如社交媒体、市场调研）以及第三方合作伙伴提供的数据。这些来源拥有不同的特点和数据质量，理解数据来源有助于评估数据的可信度和适用性。数据理解能力要求个人不仅能够识别数据来源，还需要知晓数据的生成过程及其与业务的相关性。

同时，数据类型繁杂，涵盖结构化数据（如数据库中的数值、表格）、半结构化数据（如 XML、JSON 格式的日志信息）以及非结构化数据（如文本、图像、视频）。这些结构化数据相对简便，而非结构化数据的价值常藏匿于复杂信息之中。理解这些不同类型的数据及其在业务背景中的作用，是数据理解能力的重要体现。例如，企业的用户评论数据虽为非结构化，但通过恰当的处理可以揭示客户的真实需求与偏好，从而帮助企业优化产品和服务。

理解数据的背景及其在企业中的价值，同样是数据理解能力的核心要素。数据从采集到应用，往往伴随着特定的业务流程。因此，理解这些数据的背景——它们如何生成、采集及其所反映的业务过程或行为——有助于个人在分析和解读时避免数据的误用或过度解读。例如，在零售行业，销售数据不仅是数量的体现，还涉及客户行为、市场趋势等多个方面。如果缺乏对这些背景的理解，可能会导致错误的业务决策。

（二）数据分析与解释能力

数据分析与解释能力是数据素养中的关键部分，涉及从数据中提取有价值的信息，并通过分析探寻数据中的模式和规律。这种能力需要掌握一定的分析工具使用技巧，以及能够将分析结果应用于业务场景。

在数据分析过程中，基本的数据分析工具（如 Excel、Google Sheets）和统计软件（如 R、Python）是常用手段。这些工具能够帮助用户对数据进行清洗、整理和基础分析。例如，Excel 中的数据透视表功能可快速汇总与分组数据，帮助用户发现数据中的异常或趋势。而对于更复杂的分析，如多变量分析或预测性分析，Python 和 R 等编程语言可提供更强大的支持。

数据分析并非单纯的数值运算，更是挖掘数据中潜在模式与关系的过程。例如，运用描述性统计可了解数据分布情况，借助回归分析可以找出因果关系，借助聚类分析可将客户划分成不同群体。这些分析手段可以助力企业发现数据背后的故事，进而优化决策。例如，电商企业可通过聚类分析洞悉客户的不同购买行为，并据此制定针对性的营销策略。

然而，数据分析的重点不仅在于获取分析结果，更在于阐释这些结果，并将其应用于实际业务场景。这就需要深入理解数据驱动的结论，并结合业务背景阐释其意义。一名有经验的数据分析者需明晰哪些结果显著，哪些变化属于业务流程中的正常波动，并能从中提炼出有价值的行动建议。例如，在用户流失率分析中，分析者需要理解导致用户流失的主要因素并提供有效的应对策略，而并非简单地报告流失人数。

（三）数据交流与沟通能力

数据交流与沟通能力是将复杂的数据和分析结果转化为易于理解的信息，以传达给决策者、同事和其他利益相关者。这种能力要求分析者不仅要有良好的表达技巧，还需擅长运用可视化工具与讲故事的方式来增强数据的影响力。

数据可视化是数据交流与沟通的关键手段之一。通过使用图表、图形等形式，使复杂数据能以直观方式呈现，非技术人员也能迅速理解数据背后的含义。常用的数据可视化工具包括 Tableau、Power BI，以及 Python 的 matplotlib 库等。这些工具可将枯燥的数字转化为形象的图表，从而让数据的分析结果更具说服力。如用折线图展示销售数据趋势、用饼图展示市场份额分布，均能帮助听众更好地理解数据意义。

除可视化外，数据交流也需要注重讲故事的方式。所谓数据讲故事，即将数据融入具有逻辑性与情感共鸣的情境中，使数据不再只是冰冷数字，还能引发听众的兴趣和共鸣。一个动人的数据故事需要清晰的开头、中间和结尾：开头阐释问题背景，中间展示数据分析过程和结果，结尾给出数据所揭示的结论和建议。向管理层汇报时，不仅要呈现销售额的增长情况，还应结合市场变化、客户反馈等数据，说明增长背后的原因及未来机遇。

在数据沟通过程中，数据的简化和聚焦极为重要。过多的细节会使信息变得冗长复杂，降低沟通效果。因此，数据交流者需抓住重点，提炼出最有价值的信息进行传递。在跨部门沟通中，这一点尤为重要，因为不同部门人员对数据的理解和关注点可能存在差异。通过聚焦对方最关心的指标和结论，可更有效地推动合作和决策。

数据交流与沟通不仅仅限于对外部利益相关者汇报，在内部团队协作中同样举足轻重。通过清晰地分享数据和分析结果，团队成员可基于相同信息基础理解问题，从而避免因信息不对称而引发误解和低效。产品开发团队可依据市场分析数据来调整产品设计，市场部门则可通过销售数据来优化广告投放策略。有效的数据沟通能促进团队之间的理解和信任，使数据真正成为驱动企业发展的引擎。

三、数据素养提升的方法与途径

（一）企业数据文化的构建

构建以数据为中心的企业文化是提升数据素养的关键步骤。这种文化并非局限于数据工具的应用层面，而是会渗透到企业的各个方面，影响每一位员工的思维方式和工作习惯。数据文化的核心在于使全体员工充分认识到数据的重要性，并在日常工作中自觉运用数据来支撑决策。

首先，管理层的支持不可或缺。数据文化的塑造往往起始于企业领导层的支持与推动。管理者应当以身作则，积极倡导并亲自践行数据驱动的工作方式。在决策会议中，管理层应更多地依据数据分析结果展开讨论，公开彰显数据在决策过程中的关键地位，并以此来引领其他员工逐步接纳并习惯以数据为依据的工作方式。

其次，企业需要营造一种鼓励数据运用的良好氛围。员工在数据应用中难免会遭遇诸多挑战，尤其是那些不太熟悉数据分析的员工，可能会因为害怕出错而对数据避而远之。因此，企业应该鼓励员工大胆尝试使用数据，即使犯错也无妨，重要的是在使用过程中学会如何解读和运用数据。凭借开放、包容的企业文化，员工能够在持续尝试和学习中提升自身的数据能力。

（二）培训与教育计划

若要提升员工的数据素养，企业必须制订系统化的培训与教育计划，以帮助员工逐步掌握数据分析与应用的核心技能。这些培训与教育计划可采取多种形式，从基础培训到高级课程，从线上资源到线下面对面的研讨会，以多元化的方式满足员工不同层次的学习需求。

首先，企业可借助定期的培训课程为员工传授基础的数据分析知识。这些课程能够涵盖基本的统计学概念、数据清洗和处理技巧，以及如何运用简易工具（如 Excel）开展数据分析。例如，可设计为期一周的培训方案，帮助员工理解平均值、标准差等基本概念，以及如何利用这些统计量来描述业务数据的特性。通过这些基础课程，员工能够建立起对数据的基本认知，从而为后续的深入学习打下坚实的基础。

其次，企业可提供线上学习资源，助力员工随时随地提升数据素养。这些资源包括线上视频教程、电子书、学习平台等。Coursera、Udemy 等在线学习平台上存有大量关于数据分析和数据可视化的课程，企业可为员工提供相应的学习账号或课程补贴，使员工在工作闲暇之余能够自主学习。这种方式既灵活，又能契合员工个人的学习节奏，让每一位员工都能根据自己的情况开展深度学习。

企业还可以通过组织数据主题的研讨会和内部分享会来增强员工对数据应用的热情。这类活动可邀请内部的数据专家或外部的数据分析师进行演讲，分享数据分析的最佳实践和成功案例，帮助员工领悟数据在业务中是如何创造价值的。例如，邀请数据分析师演示如何通过客户数据分析，制订出更加精准的市场推广方案。这些研讨会还可设置讨论环节，鼓励员工提出问题并相互交流经验，通过互动加深他们对数据的理解。

（三）数据驱动思维的培养

除了构建数据文化和提供培训，培育员工的数据驱动思维是提升数据素养的关键策略之一。这种思维不仅是对数据工具和技术的单纯应用，更是对数据价值的深刻理解以及在实际业务中的灵活运用。数据驱动思维助力员工从数据中发现问题、寻找答案，并依据数据做出科学决策，从而推动企业的整体发展。

1. 培养问题意识

数据驱动思维的核心在于从业务中挖掘问题，并将其转化为数据问题。企业可通过以下方式提升员工的这一能力。

（1）基于业务背景的问题建模

员工需要学习如何将日常工作中的问题转化为能够借助数据解决的

问题。例如，营销部门关注的“为什么某一地区的产品销量持续下降？”这一问题便可转化为对地区销售数据、市场趋势及客户反馈数据的分析需求。

（2）案例引导式学习

企业可以通过实际案例引导员工识别数据中的潜在问题。例如，通过一份客户满意度报告展示如何发现影响客户留存的关键因素，引导员工理解如何结合数据寻找改进方向。

（3）设立问题清单

鼓励员工在工作中定期记录需要数据支持的问题，并围绕这些问题设计相应的数据分析流程。问题清单不但能协助员工明确数据的应用方向，还能激发他们的数据驱动思维。

2. 数据解读与分析能力

员工不但要能够获取和处理数据，更需从数据中提炼出有价值的内容。这要求他们具备出色的数据解读能力。

（1）训练数据解读技能

企业可提供特定的数据集，让员工练习从中提炼关键信息。销售团队可分析过去一年的销售数据，找出最畅销产品及淡季销售策略存在的不足之处。

（2）关注业务背景

数据解读务必结合业务背景。当库存数据波动较大时，员工需结合供应链、市场需求以及生产计划展开综合分析，而非仅仅停留在数据表面。

（3）使用对比和趋势分析

员工可以通过对比不同时间段、不同地区的数据，挖掘趋势和差异。例如，通过对比同期数据来分析某一促销活动的效果，从而为未来的促销策略提供依据。

3. 决策驱动的实践

数据驱动思维的最终目标是将数据分析的结果应用于实际决策中。企业可以通过以下方式培养员工的这一能力。

（1）基于数据的场景演练

企业可以设计场景化的练习，例如针对库存积压问题，让员工提出数据支持的解决方案，包括清仓促销、调整采购计划等。这种场景演练有助于员工理解如何在数据支持下优化决策。

（2）数据与目标的关联

员工需要学习如何将数据分析结果与企业目标挂钩。例如，分析营销数据时，不仅要关注点击率，更要留意最终的转化率，确保分析结果对业务目标有直接贡献。

（3）反馈闭环的建立

企业应鼓励员工追踪数据驱动决策的效果。针对提升客户留存率的策略，借助后续数据验证其成效，并在反馈中不断优化决策流程。

4. 培养数据批判性思维

数据驱动思维并非单纯依赖数据，而是要在数据分析中保持批判性。企业可以通过以下方式培养员工的数据批判能力。

（1）质疑数据的来源与可靠性

员工需要学会审视数据的质量。在分析客户行为数据时，员工需关注数据采集方式是否全面，样本是否具有代表性等。

（2）评估分析的假设与方法

培训员工评估分析过程中采用的假设和方法是否合理。在预测销量时，需考虑宏观经济变化对市场需求的影响，而不是仅凭历史数据简单推断。

（3）发现数据中的偏差与局限

引导员工认识到数据可能存在偏差。例如，用户行为数据可能偏向于活跃用户，而无法全面反映整体用户群体的行为。

5. 持续学习与创新

数据驱动思维是动态发展的，企业需要通过不断学习与创新来强化员工的数据能力。

（1）学习与实践相结合

企业可以组织员工参加数据分析竞赛，或通过具体的项目实践（如预测市场需求）推动学习成果的转化。

（2）关注行业趋势与工具更新

企业需帮助员工了解数据分析领域的最新技术与方法，例如，如何在数据分析中结合机器学习，或者如何利用自动化工具提升效率。

（3）奖励创新

为那些基于数据驱动创新的员工提供奖励，例如通过数据分析找到优化流程的方法或发现新的市场机会，这种激励措施能够推动数据驱动思维在企业内部的传播。

通过培养员工的数据驱动思维，企业可以帮助他们从数据中挖掘更多价值，使数据不再仅仅是辅助工具，而成为推动业务发展的核心资源。这种深入的思维方式结合实际业务应用，能够为企业构建更强大的数据文化，提升数据素养，从而在竞争中占据有利地位。

四、不同角色的数据素养要求

（一）管理者的数据素养

管理层的数据素养对于企业能否切实实现数据驱动的管理至关重要。在企业的决策链中，管理者的角色至关重要，他们不但要制定战略规划，还要为企业指明方向。通过提升数据素养，管理者能够更透彻地理解数据驱动决策的内在逻辑，从而保障企业策略的合理性和有效性。

首先，管理者需要具备基本的数据理解能力。这意味着他们应能解读分析报告中的关键数据指标，如销售增长率、客户获取成本（CAC）、投资回报率（ROI）等。与此同时，管理者还需明晰数据背后的假设和限制条件，清楚哪些数据能切实反映企业的实际状况，哪些数据存在偏差而需慎重对待。例如，当面对季度销售数据的起伏波动时，管理者要能判别这种波动究竟是市场整体变化的反映，还是由偶发事件引起的短期现象。只有具备这样的数据理解能力，管理者才能在企业内部传递明确的信息，防止因对数据的误读而做出错误的决策。

其次，管理者应掌握基本的数据分析技能，尽管他们并不需要像专业数据分析师一样掌握复杂的建模技术，但了解基本的分析方法是非常有必要的。例如，管理者应当知晓如何运用描述性统计去洞悉企业的运营情况，或者借助趋势分析来预测市场变化的方向。对于管理者来说，掌握数据分析技能有助于他们更好地与分析团队展开沟通，提出有效问题，并理解分析结果在业务层面的意义。通过培育这种数据素养，管理者能够在战略层面充分运用数据为企业提供有力支持，以确保决策的科学性。

最后，管理者还需要具备数据驱动的思维模式。这种思维模式着重强调在制定决策之际一定要依据数据和事实，而非单纯依靠直觉和经验。管理者应当树立在企业内部营造数据文化的意识，主动要求在决策过程中提供数据支撑，并鼓励团队用数据对假设予以验证。例如，当管理层研讨新的市场扩展策略时，理应优先考量借助数据去验证市场潜力，而非单纯依靠以往的经验或者行业内的普遍认知。通过这种数据驱动的思维方式，管理者不但能够提升自身的决策质量，还可以在企业中逐渐建立起重视数据的文化氛围。

（二）数据分析师的数据素养

数据分析师在企业中承担着从数据中挖掘深层次价值的重要使命，他们的数据素养要求远高于其他岗位，不但需要掌握数据分析的技能，还需要具备将技术成果转化为实际商业价值的能力。

首先，数据分析师需要具备高级的数据分析和建模能力。与普通的数据分析人员有所不同，数据分析师必须能够处理大量的结构化和非结构化数据，并利用机器学习等高级方法来探寻数据中的深层次模式。通过构建精准的预测模型，数据分析师可以为企业提供有关未来市场需求的前瞻性预测，从而帮助企业提前规划产能布局或适时调整经营策略。同时，数据分析师还应具备处理数据噪声、精准识别数据偏差的能力，以确保模型的稳定性以及结果的可靠性。

除了精湛的技术技能，数据分析师还需要具备强大的业务理解能力。这意味着数据分析师不仅要熟练使用各种数据工具和算法，还必须深入理解企业的业务逻辑和行业特性。例如，金融领域的风险评估模型与零售行业的客户细分模型在技术层面或有相似之处，然而它们的业务背景和目标却大相径庭。数据分析师需要与业务部门紧密协作，精准把握业务需求，将数据分析的成果准确无误地应用到实际业务场景中。这种将业务与技术深度融合的能力，直接决定了数据分析师能否切实为企业创造价值。

此外，数据分析师还需具备出色的数据交流与沟通能力。虽然数据分析师的工作往往带有较强的技术性，但他们的工作成果最终需要被企业的管理层以及其他部门所理解并加以应用。因此，数据分析师需要能够通过可视化呈现、详尽报告以及故事化叙述等方式将复杂的分析结果予以简化，并有效传达给非技术人员。例如，数据分析师可以通过直观的图表展示某个营销活动对销售量的影响，帮助市场部门清晰理解活动效果并优化后续的营销策略。只有清晰有效地传达数据分析的价值时，数据分析师的工作才能真正转化为推动企业发展的动力。

（三）一般员工的数据素养

对于一般员工来说，具备基本的数据素养同样不可或缺，这直接关系到日常工作的效率和业务沟通的质量。一般员工的数据素养要求相对简单，主要集中在如何有效理解和应用数据以支撑自身工作。

首先，一般员工需要具备基本的数据理解和解读能力。销售部门的员工应当能够解读客户关系管理系统中的数据，理解客户的历史购买记录和偏好，以便在沟通交流时提供更加个性化的服务。同样，财务部门的员工需要能够读取财务报表中的关键数据，了解企业的财务状况和资金流动情况。这种对数据的基本理解能力，能够帮助员工在自身岗位上更加高效地完成工作。

其次，一般员工还需要具备基础的数据分析技能，主要是运用常见的数据工具展开简单的数据处理和分析。例如，熟练掌握 Excel 中的数据透视表功能，能够帮助员工迅速对销售数据进行分组汇总，判断哪些产品的销售情况最佳。凭借这种基本的数据分析能力，员工可以更好地把握工作中的关键数据，为自身的业务决策提供支持。例如，市场推广人员通过分析广告点击率的数据，可以判断哪种广告素材效果最佳，进而优化后续的推广策略。

再次，数据交流与沟通能力对于一般员工来说同样重要。在团队合作过程中，不同角色的人员对数据的需求和理解能力存在差异，员工需要能够以简单明了的方式与同事分享数据及分析结果。在项目汇报时，员工需要用简洁的图表和直观的数字展示项目进展，而不是直接呈现大量的原始数据。通过这种方式，团队中的每个成员都能快速了解项目的情况，从而提高协作效率。

最后，企业应当激励一般员工在工作中主动使用数据，并对此提供相应的支持。通过设立数据应用奖励机制，鼓励员工在工作中积极借助数据提升业绩，或者举办数据分享会，让员工有机会了解其他部门的数据应用案例，从而激发他们的数据应用意识。这种激励机制有助于一般员工更好地融入数据驱动的企业文化中，从而逐步提升他们的数据素养。

综上所述，不同角色在企业中的数据素养要求各有侧重：管理者需要具备决策所需的数据理解和分析能力；数据分析师则需要深厚的技术功底和业务应用能力；而一般员工则需掌握基础的数据处理和沟通技巧。通过提升各自的数据素养，企业中的每个角色都能够在数据驱动的环境中更为有效地发挥作用，共同推动企业的数字化发展。

五、数据素养的难题与应对

（一）常见的数据误解和误用

在企业中提升数据素养时，常见的难题之一便是数据的误解和误用。数据本身只是信息的承载体，然而在对其解读与应用的过程中，往往会因人的认知偏差或者对数据本质理解不足而产生问题。这些误解与误用不但会误导决策，甚至可能引发严重的商业后果。

首先，错误解读数据属于一种常见现象，尤其在数据分析人员缺乏足够的专业背景时更容易发生。例如，当企业的销售数据呈现短期增长态势时，一些管理者可能会轻易将其认定为长期增长的信号，却忽视了市场中可能存在的季节性因素或者因偶然事件所造成的波动。这种误解可能会导致产生过度乐观的市场策略，造成库存积压或者营销资源的浪费。为了避免这类情况，在数据解读时需要结合历史数据进行分析，了解数据生成的背景和业务逻辑，切不可孤立地看待数据变化。

其次，数据偏见同样是在数据使用过程中常见的难题之一。数据偏见通常源于数据采集的偏差或者样本的不均衡。在开展市场调查时，如果仅选取城市中的消费者作为样本，所获取的调查结果就无法反映农村消费者的真实需求，如此一来会使企业的产品策略偏离目标市场。要降低数据偏见的影响，企业在数据采集阶段应尽可能保证样本具有代表性，同时在数据分析过程中始终关注数据来源和结构，警惕可能存在的偏差。

数据误用的另一种表现是对因果关系的错误判定。许多人在察觉数据之间存在关联时，容易误认其存在因果关系。例如，发现某地区的客户购买量增加与广告投放量增加之间存在显著关联，便断言广告是销售增长的缘由。然而，关联并不等于因果，可能存在其他隐藏因素，比如同期该地区的经济条件好转或者竞争对手的市场退出等。所以，在数据分析中需要谨慎对待因果关系的判定，可适当运用实验设计或者对照组分析来验证因果关系的存在。

为了解决数据误解和误用的问题，企业应当加强对员工的培训，帮助他们理解数据分析中的常见陷阱。培训内容不仅应包括基础的统计概念，还应包括数据采集、数据清洗以及数据解读中的关键注意事项。同时，企业可以制定数据分析的标准流程，要求每份分析报告中详尽记录数据的来源、分析方法以及结论背后的假设，以协助管理层更好地理解分析结果，从而降低因误解数据而做出错误决策的风险。

（二）企业在提升数据素养过程中面临的困境

提升员工的数据素养对于现代企业而言至关重要，但在实际推进过程中，企业常常面临许多困境。除技术层面的障碍外，员工的抵触心理、技能不足以及企业内部文化的缺失，均是阻碍数据素养提升的重要因素。

首先，员工对数据的抵触心理是企业提升数据素养的一大难题。诸多员工尤其是年纪较大的员工，可能对数据分析心生畏惧或感到无所适从。这些员工惯于凭借经验做出业务判断，突然要求他们在决策中依靠数据，往往会滋生他们的抵触情绪。他们或许觉得数据过于复杂，或者担心自己无法掌握新的技能，因而拒绝学习与使用数据工具。为了应对这一问题，企业需要采取温和且循序渐进的方式来引导员工接受数据文化。例如，可以通过开展“数据公开日”活动，让员工直观地领略数据如何助力解决实际问题，从而减轻他们的畏惧感和抵触心理。此外，还可通过表彰在数据应用中取得佳绩的员工，激发团队的积极性，逐步培养数据驱动的企业文化。

其次，员工技能不足也是提升数据素养的一大障碍。数据分析虽并非要求每位员工都成为专家，但至少需要具备一些基本的分析能力和工具使用技巧。然而，许多员工在日常工作中并未接触过数据分析，故而他们缺乏相应的知识和经验。为了解决这一问题，企业可为员工提供系统化的培训，涵盖从基础的数据清洗、数据整理，到简单的数据可视化和报告生成等各个方面。为了提高培训的效果，企业还可以将培训内容与实际业务场景相结合，帮助员工理解如何在其具体岗位中应用所学技能。于销售部门而言，可组织销售人员学习如何借助 Excel 分析客户购买行为，进而制定更为有效的销售策略。

最后，企业内部文化的缺失，是提升数据素养的一个重要瓶颈。数据文化的建立需要企业从上至下共同推进，如果管理层对数据重视不足，员工便很难真正将数据分析融入日常工作。管理层应带头使用数据支持决策，并在各类会议和项目评估中彰显对数据分析的重视。借助这种自上而下的推动，管理层可以有效地影响员工的态度和行为。此外，企业应当鼓励各部门共享数据，减少信息孤岛现象，让各部门都能够获取到对自己业务有帮助的数据。例如，在营销活动规划时，市场部可从财务部获取预算使用情况的分析数据，产品部则可从客户支持部获取客户反馈数据。通过这种跨部门的数据协作，企业能有效推动数据的全面应用，增强员工对数据的信任感和依赖性。

企业还应重视数据工具的普及和应用。许多企业虽拥有大量数据，但因员工不熟悉工具使用，这些数据往往被闲置。为了改变这一状况，企业可引入一些操作简单的数据工具，并为员工提供相应培训。例如，Power BI 和 Tableau 等工具可以帮助员工通过拖拽操作生成直观的可视化报表，使其更容易理解数据的含义。对于那些对编程有畏难情绪的员工，可进行基础的 Excel 培训，使他们掌握基本的数据透视表和公式应用，这些技能足以帮助他们在日常工作中完成大部分的数据任务。

企业需要建立有效的激励机制来支持数据素养的提升。人们往往更愿意投入时间和精力去学习那些能够带来实际回报的技能。因此，企业可以通过设立奖项或表彰制度，鼓励员工在工作中采用数据驱动的方式解决问题。对于那些通过数据分析显著提升业务绩效的员工，可以给予一定的物质奖励或晋升机会。通过这些激励措施，员工将更加积极地参与数据素养提升进程，逐步养成依靠数据开展工作的习惯。

综上所述，企业在提升数据素养过程中面临诸多困境，既有员工的抵触心理和技能欠缺，也有企业内部文化和工具使用方面的问题。然而，通过系统化培训、管理层积极推动、各部门数据共享以及有效的激励机制，企业就能逐步攻克这些难题，最终达成数据素养在全体员工中的普及与深化。这不仅有助于提升企业的整体竞争力，还能为企业的长远发展奠定坚实的基础。

六、数据素养提升的案例研究

（一）成功案例：海尔集团如何通过提升数据素养实现数字化转型

在当今竞争激烈的商业环境中，企业的数字化转型已经成为维持竞争力的关键手段。海尔集团作为全球领先的家电制造商之一，深刻认识到数据素养对员工的重要性，决定通过系统化的数据素养提升计划，增强全体员工的数据理解与应用能力，从而实现全面的数字化转型。

在转型初期，海尔集团首先进行了全面的数据评估，结果发现多数员工缺乏对数据的基本理解。基层销售人员尤为突出，他们的工作习惯多依赖经验判断，极少依据数据做决策。为了扭转这一局面，海尔集团为员工量身定制了多层次的培训课程，包括基础数据知识、数据工具的使用方法（如 Excel、Tableau）以及如何将数据应用于日常决策等内容。这些培训不仅面向分析团队，还涉及市场、销售、供应链等多个部门。

培训的一大重点是借助实际业务案例来彰显数据的应用价值。在销售团队中，海尔教导员工如何利用销售数据甄别高价值客户与低销售效能产品。经过数据分析，销售人员逐步摒弃传统推销方式，转而依据客户的购买历史和行为模式进行个性化推荐。这种基于数据驱动的销售策略显著提高了客户的满意度和回购率。

同时，海尔集团还引入数据可视化工具，提高了管理层的决策效率。借助 Tableau 仪表盘，管理者能实时查看各地区的销售表现和库存水平，迅速做出补货或促销决策。以往，这些数据需要多部门手工汇总，耗时长且易出错。而现在，管理层通过数据可视化平台可直观洞悉企业运营状况，从而在短时间内做出科学决策。

历经一年的数据素养提升计划，海尔集团的整体业绩得到显著提升。最直观的成果是销售额短时间内增长15%，库存周转率提升20%。这背后的根源不仅在于员工掌握了更多数据工具和技能，更在于企业内部逐渐形成了数据驱动的文化。管理层开始重视数据的力量，普通员工也能够自信地运用数据来优化工作流程和方法。

而今，海尔集团成功实现从传统经验驱动到数据驱动的数字化转型。数据素养的提升不仅让员工工作效率更高，还增强了企业整体的灵活性和市场响应速度。这一成功案例充分证明，提升数据素养是企业实现数字化转型的重要路径，数据素养的普及能从基层到管理层全面推动企业的发展。

（二）失败教训：OFO 共享单车的数据素养不足的代价

在共享经济的热潮中，OFO 共享单车（以下简称 OFO）曾经是行业的佼佼者。然而，由于数据素养的缺失，该公司在决策和运营中屡屡失误，最终未能摆脱失败的命运。OFO 的案例为企业管理提供了深刻教训，展示了数据素养不足可能带来的沉重代价。

1. 盲目扩张：忽视用户需求数据

在市场扩张初期，OFO 采取了“大干快上”的策略，试图通过迅速占领市场获取先发优势。然而，公司高层在单车投放决策中，未能深入分析用户需求数据，导致部分城市单车严重过剩，而部分城市供不应求。以某些二、三线城市为例，由于用户密度不足，大量单车长期闲置并逐渐损坏，这不仅浪费了企业的资源，还增加了运维成本。与此同时，用户在一线城市的高频使用需求却因单车供应不足而受到阻碍，进一步损害了用户体验。

OFO 的这一策略背后，反映出其管理层对市场数据的重视程度不足。他们更多依赖直觉和行业热点做出决策，而非以用户行为数据为依据。这种供需失衡的投放策略，成为企业无法盈利的导火索之一。

2. 财务数据分析不足：快速扩张的隐患

财务管理方面的问题也是 OFO 失败的重要因素。在快速扩张的过程中，OFO 忽视了财务数据的系统性分析，未能及时评估扩张策略的可持续性。公司管理层高度依赖外部资本输血，却未关注内部盈利能力的建设。当资本市场对共享经济的热情减退后，OFO 的资金链迅速断裂，企业陷入无力偿还供应商款项和用户押金的困境。

以2018年为例，OFO在融资总额达到10亿美元的同时，却无法弥补运营成本和固定资产折旧带来的资金缺口。快速扩张的同时未对现金流进行有效管理，使得公司在资本退潮时完全失去自救能力。

3. 忽略用户反馈：失去信任的代价

对用户反馈数据的忽视是OFO失败的另一重要原因。面对押金难退、单车损坏率高等用户广泛关注的问题，公司并未采取有效措施解决，反而将资源继续投向广告宣传和市场扩展。这种策略显然没有顾及用户满意度的优先性，直接导致品牌形象受损。

数据显示，2018年，OFO因押金难退问题收到大量投诉，用户信任度迅速下滑。与此同时，摩拜等竞争对手通过更优质的服务和灵活的定价策略抢占了市场份额。用户的流失和市场份额的下降使得OFO难以恢复元气，进一步加速了企业的衰败。

4. 复盘与教训

在事后复盘中，有分析指出，如果OFO在扩张初期能够充分利用现有数据，例如用户骑行行为和财务数据，企业或许可以调整扩张策略，避免资源浪费与资金链断裂。例如，通过精细化运营，根据不同城市的用户需求调整单车投放数量，OFO本可大幅降低运营成本。同时，在财务管理上，若能够建立有效的盈利模型，减少对融资的依赖，公司可能不会在资本退潮时陷入资金困境。

5. 启示：企业如何提升数据素养

OFO的失败案例为其他企业敲响了警钟。在数字化时代，数据素养不足可能引发严重的决策失误和运营问题。企业需要从以下几个方面提升数据素养。

- **重视用户需求数据：**构建数据驱动的决策流程，通过用户行为分析指导产品和服务的设计与投放。
- **强化财务数据管理：**实时监控现金流和成本结构，确保扩张策略的可持续性。
- **倾听用户反馈：**将用户反馈数据纳入决策流程，及时调整运营策略以提升用户满意度。

只有具备足够的数据素养，企业才能在复杂多变的市场环境中做出科学合理的决策，从而保持长期的竞争力。

第四章

重塑规则：数据治理的核心逻辑

一、数据治理的必要性

数据治理（Data Governance）是指提升数据的质量、安全性、合规性，推动数据有效利用的过程，包含组织数据治理、行业数据治理、社会数据治理等。它不仅聚焦于技术和系统层面，还与组织文化、责任分配以及业务战略相互关联。数据治理的核心目标是让企业的数据成为可控、可信且可用的资产。同时，数据治理也使企业全面管控数据资源的质量、安全性、合规性与可用性，以此助力业务目标的实现。在数字经济时代，数据治理是企业实现数据驱动决策、优化运营效率并提升竞争力的关键要素。

数据治理同时也是现代企业管理数据资源的核心手段，其必要性体现在应对复杂数据环境、满足法规要求、提升业务效率和增强竞争优势等多个方面。

（一）应对数据复杂性

1. 数据量的爆炸式增长

随着企业数字化转型的深入，数据量呈指数级增长，包括业务交易数据、客户行为数据、物联网设备数据等。传统的管理方式难以应对如此庞大的数据规模和复杂性。

2. 数据来源的多样化

企业的数据来源日益丰富，包括内部业务系统、外部供应商平台、社交媒体以及实时传感器等。这些数据的格式千差万别，涵盖结构化数据、半结构化数据（如 JSON、XML）和非结构化数据（如文本、图像、视频），这无疑增加了管理的难度。

3. 统一的框架和标准

数据治理通过建立统一的管理框架和标准化的操作流程，协助企业对不同来源的数据进行分类、标准化并整合，以确保数据的一致性，实现数据的跨部门共享和统一管理，防止因数据孤岛现象引发的信息冗余和决策错误。

4. 降低复杂性的技术支持

运用数据治理工具（如数据目录、数据质量管理平台）对海量数据进行智能化处理，有效缓解人为管理的压力。配置数据发现工具以便快速定位和关联相关数据集。

（二）满足法规要求

1. 数据隐私保护的全球趋势

随着 GDPR、CCPA 等数据隐私保护法规的出台，企业必须严格遵守法律要求。例如：

- GDPR 着重强调数据主体的知情权、访问权和删除权。
- CCPA 要求企业明确告知消费者其数据用途，并提供选择退出的机制。

2. 合规性对企业的重要性

数据治理通过将法规要求融入数据管理流程，帮助企业实现：

- 在数据采集环节获取明确的用户授权。
- 在数据存储和使用过程中，对敏感信息进行加密和脱敏处理。
- 设定数据生命周期管理，确保过期数据按法规要求予以销毁。

3. 避免法律风险和声誉损失

缺乏合规性的数据管理可能导致高额罚款，并使企业声誉受损。例如，GDPR 规定对于违规行为最高可处以企业年营业额 4% 的罚款。数据治理的实施能够大幅降低企业的合规风险。

（三）提升业务效率

1. 低质量数据的影响

数据若存在缺失、不一致或过时等情况，可能致使业务流程低效甚至出现错误。例如：

- 销售数据不准确可能导致库存管理混乱。
- 客户信息不全可能会影响精准营销的效果。

2. 通过治理提升数据质量

数据治理借助数据清洗、标准化以及一致性管理等手段，显著提升数据质量。例如：

- 自动检测和修复数据中的异常值、空值和重复记录。
- 确保数据在不同业务系统中的一致性和互操作性。

3. 高效的数据使用支持业务运作

治理后的高质量数据能够：

- 加速业务流程，例如凭借清晰的客户信息提高客服响应速度。
- 支持实时分析和智能决策，为业务优化提供精准依据。

（四）增强竞争优势

1. 数据认知与市场机会识别

高质量的数据为企业赋予强大的市场认知能力。例如：

- 借助数据分析识别消费者需求和市场趋势。
- 运用预测分析技术优化供应链和库存管理。

2. 优化产品和服务

数据治理有助于企业从用户行为和反馈数据中提取有价值的信息，用于改进产品和服务。例如，分析用户使用数据以调整产品功能，进而提高客户满意度。

3. 构建数据壁垒

通过长期积累高质量的数据资产，企业可构筑难以复制的数据壁垒。例如：在电子商务领域，依据用户购买数据构建个性化推荐系统；在金融领域，凭借客户信用数据开发精准的贷款审批模型。

4. 快速响应市场变化

数据治理帮助企业快速、准确地运用数据支持决策，使其在激烈的市场竞争中抢占先机。例如：依据实时销售数据调整定价策略；结合社交媒体数据快速响应消费者的情感和反馈。

数据治理的必要性已从技术层面扩展到企业战略高度，它不仅是应对复杂数据环境的有效手段，更是提升效率、满足法规要求以及增强竞争力的关键驱动力。

二、数据治理的十大核心原则

数据治理的核心原则是指在管理和规范企业数据资源时必须遵循的基本理念和准则。这些原则为数据治理指明方向并设定标准，确保治理活动高效、合规，且与业务需求紧密相连。以下是对数据治理核心原则的详细解读。

（一）数据完整性原则

数据完整性是指数据在其生命周期内维持原始结构、意义和准确性的能力，避免在采集、存储、传输或处理过程中因丢失、篡改或损坏而削弱其可信度。数据完整性是数据治理的基础，直接影响数据的可靠性和可用性。

实践要点如下。

1. 数据防篡改措施

在数据传输和存储过程中，采取防篡改技术保障数据完整性。例如：

- 使用哈希校验（如 SHA-256）验证文件的完整性，防止数据在传输中被修改。
- 配置数据库的事务一致性（ACID 属性），确保操作失败时，数据能回滚到安全状态。

2. 定期备份与恢复

针对关键业务数据构建定期备份机制，防止意外事件（如硬件故障、网络攻击）导致数据丢失：

- 采用多层次备份策略，包括实时备份、每日增量备份和长期存档。
- 定期测试数据恢复能力，确保数据丢失时能够快速还原。

3. 数据生命周期管理

在数据的全生命周期中，通过日志记录和变更监控，跟踪数据的操作历史，确保其可追溯性。

（二）数据准确性原则

数据准确性是指数据应真实无误地反映其所描述的实体或业务活动，并在使用过程中始终保持可靠可信。数据不准确会引发业务决策偏差和效率下降，因此准确性是高质量数据的核心特性。

实践要点如下。

1. 数据录入标准化

制定清晰明确的录入规则和校验机制，避免因人工或系统错误而导致数据偏差。例如：

- 针对录入的数值型数据设定取值范围和格式限定。
- 使用下拉菜单、复选框等控件减少手动输入错误。

2. 定期验证与清洗

实施数据验证和清洗流程，确保数据准确性：

- 通过对比业务逻辑和历史数据，识别并修正错误数据。
- 删除或更新过时数据，例如清理不再活跃的客户记录或库存信息。

3. 跨系统数据一致性

借助一致性检查工具验证不同系统间的数据是否准确同步。例如：

- 定期运行跨系统的数据对账程序，发现并解决数据差异。
- 运用数据中台统一管理各系统数据，确保数据来源一致。

4. 实时监控与动态调整

对实时生成或更新的数据展开动态验证。例如：

- 在交易系统中自动校验订单总金额是否与商品单价和数量的乘积匹配。
- 对流式数据（如 IoT 传感器数据）设置异常检测机制，及时察觉数据偏差。

（三）数据可追溯性原则

数据可追溯性是指企业能够记录并追踪数据的来源、变更过程以及使用情况。这一原则不仅使数据治理更透明，还契合合规性要求，使得企业能够满足审计需求并迅速定位数据问题的根源。

实践要点如下。

1. 配置数据日志系统

为所有数据操作构建日志系统，记录从数据生成到销毁的完整轨迹。

生成日志：记录数据的生成时间、来源系统、采集人或设备。

变更日志：详尽记录数据的每次修改，涵盖修改时间、操作人、变更前后的内容。

销毁日志：针对销毁的过期或无用数据，记录销毁原因、时间和销毁方式。

2. 使用元数据管理工具

元数据管理工具可以为数据提供全面的上下文信息，确保其来源和处理过程清晰透明：

- 标注数据的来源，例如采集自哪一业务系统或外部接口。
- 记录数据的处理步骤，如清洗规则、标准化操作和分析算法。
- 标明数据的责任人，包括数据所有者、管理员和使用者。

3. 访问记录和审计

为敏感数据建立详尽的访问记录，确保所有操作行为可追溯：

- 记录访问者的身份、访问时间、访问的具体内容以及操作类型（如读取、修改或下载）。
- 定期审查访问日志，发现异常行为或潜在风险。

4. 自动化溯源功能

通过数据治理工具（如数据血缘分析工具）实现自动化溯源：

- 绘制数据血缘图，展示数据从源头到当前状态的全路径。
- 在数据质量问题或违规行为发生时，快速定位问题的源头。

（四）数据透明性原则

数据透明性是指企业在数据治理过程中应具备开放性和可见性，让相关方清楚地了解数据的规则、定义、使用方式及治理进展。数据透明性能够提升治理的信任度，促进协作，并确保数据治理与业务需求相契合。

实践要点如下。

1. 制定并公开数据治理政策

将数据治理政策以易于理解的形式向相关利益方公开：

- 阐述数据管理的规则、责任分工和合规要求。
- 罗列数据的分类标准和访问权限规则，确保透明操作。
- 明确数据的生命周期管理流程，例如采集、存储、共享、归档和销毁。

2. 使用数据目录工具

数据目录工具能够提供清晰的数据定义和分类，助力用户迅速理解并访问所需数据：

- 针对每个数据集标注用途、来源、质量评分以及更新时间。
- 给出字段级别的描述，例如字段含义、数据类型和取值范围。
- 具备可搜索功能，便于用户定位数据资源。

3. 业务沟通与协作

定期与业务部门交流数据治理的进展情况，确保数据管理方向符合实际业务需求：

- 借助定期会议或报告，更新数据治理的成果以及面临的挑战。
- 收集业务部门的反馈意见，用以优化数据治理策略和技术支持手段。

4. 治理进度的透明化

通过治理仪表板实时呈现关键数据治理指标：

- 数据质量评分、合规率和数据使用频率。
- 数据共享和访问的实时状态。
- 数据治理风险点的监控情况。

5. 增强用户信任

数据透明性能够提升用户对数据治理的信任感：

- 员工与合作伙伴在知晓数据的使用规则后，能够更为高效地使用数据。

- 在外部数据共享中，透明的操作规范有助于构建良好的合作关系。

（五）数据安全性原则

数据安全性是保护数据资源免受未经授权的访问、篡改与泄露的关键原则，旨在确保数据的机密性、完整性和可用性。数据安全性是数据治理的重要基石，直接关乎企业的合规性和业务连续性。

实践要点如下。

1. 分级保护策略

依据数据的敏感性和重要性实施分级保护，以确保资源的合理分配和安全防护。

高敏感数据：例如客户信息、财务数据以及医疗记录等，采取更为严格的保护措施，如加密存储、双因素认证以及严格的访问权限设置。

一般数据：针对非敏感数据采用基本的防护手段，例如只读权限设定和基础防火墙保护。

2. 多层访问控制

配置多层访问控制机制，确保只有授权用户方可访问数据。

身份验证：运用多因素认证（如密码、短信验证码和生物识别技术）核验用户身份。

权限分配：基于角色的访问控制（RBAC），按照用户角色分配最小权限，防止过多的权限暴露。

实时监控和审计：对数据访问行为予以实时监控，并记录所有访问日志以便审查。

3. 数据加密

对静态数据和传输数据均采用加密技术。

静态数据加密：使用 AES-256 等高级加密标准保护存储中的数据。

传输数据加密：通过 TLS/SSL 协议保护数据在网络中的传输安全。

4. 定期安全检测

通过安全漏洞扫描和渗透测试，主动识别并修复潜在威胁。

漏洞扫描：定期使用自动化工具扫描系统和应用的安全漏洞。

渗透测试：模拟外部攻击以验证系统的防御能力。

补丁管理：及时更新安全补丁，修复已知漏洞。

5. 安全教育与意识

对员工和合作伙伴开展安全教育，提升其防范意识：

- 普及安全知识，例如怎样防范社会工程攻击（如网络钓鱼攻击）。
- 定期组织数据安全培训和应急演练。

（六）数据共享性原则

数据共享性是指在确保安全性和合规性的前提下，提升数据的可用性，促进企业内部与外部的数据流通与协作。这一原则旨在平衡数据保护与利用之间的关系，实现数据价值最大化。

实践要点如下。

1. 授权机制

建立数据共享的明确授权机制，确保共享行为符合企业安全和合规要求。

审批流程：设置共享申请和审批流程，明确共享数据的范围、目的和责任人。

权限管理：根据共享需求设置数据的访问权限，防止非必要数据的过度共享。

合规审查：对共享内容进行合规性检查，确保符合 GDPR、CCPA 等法规要求。

2. 数据流通平台

使用 API 和数据集成平台，简化数据在不同系统或组织之间的流通。

标准化 API：提供标准化的 API，确保数据在不同系统间的无缝对接。

数据集成平台：利用集成工具（如 Informatica、Mulesoft）实现数据在不同格式和存储位置之间的高效传输。

3. 共享协议

与合作方签订数据共享协议，明确数据的使用范围和安全责任：

- 规定数据只能用于约定的业务目的，禁止二次共享或滥用。
- 要求接收方采取与企业同等的安全保护措施。

4. 监控和反馈

对共享数据的使用情况进行持续监控，确保数据合法合规利用：

- 实时追踪共享数据的流向和访问记录。
- 收集共享方的反馈，优化数据共享流程。

通过严格的数据安全性原则和高效的数据共享性原则，企业能够在保护数据资产的同时，充分释放数据的协作和商业价值。这种平衡性治理为企业实现数据驱动的运营和增长提供了强大的支持。

（七）数据合规性原则

数据合规性是指企业在数据采集、存储、处理、共享和销毁的各个阶段，必须遵守相关法律法规和行业标准，确保数据管理活动的合法性和合规性。数据合规性是企业避免法律风险、维护品牌声誉的关键原则。

实践要点如下。

1. 定期更新数据治理政策

随着法规更新和新规出台，企业需定期审查和更新数据治理政策，以确保其合规性。

适应全球化法规：针对不同地区的数据保护法规（如GDPR、CCPA、PIPL[①]等），制定有针对性的政策，以满足不同业务地域的合规需求。

法规嵌入治理框架：将最新法规要求融入数据生命周期管理之中，例如遵循GDPR中的“被遗忘权”和“数据可移植性”要求。

2. 隐私保护机制的嵌入

在数据处理的各个环节，嵌入隐私保护机制以满足数据主体的权利。

知情权：在数据采集时，明确告知数据主体其数据的用途以及保存期限。

控制权：为数据主体提供管理其数据的工具，如访问、修改或删除数据的功能。

隐私增强技术：采用匿名化、脱敏以及加密技术，降低敏感数据的暴露风险。

3. 合规审计工具的配置

使用自动化工具监控和报告潜在的合规风险，确保企业实时满足合

---

① 《中华人民共和国个人信息保护法》。

规要求：

- 配置数据访问和共享的监控规则，发现并阻止异常行为。
- 自动生成合规报告，以满足监管机构审查或内部审计的需求。

4. 建立合规培训机制

对员工和合作伙伴开展定期合规培训，提高合规意识：

- 重点讲解最新法规的核心要求以及企业的应对策略。
- 模拟合规场景进行演练，例如数据泄露事件的应急处理。

（八）数据价值最大化原则

数据价值最大化原则要求企业通过科学的管理和高效的利用，深度挖掘数据的潜在价值，将其转化为业务增长和创新的动力。企业需要将数据治理与商业目标紧密结合，以确保数据的高效使用能够产生实际的业务效益。

实践要点如下。

1. 评估数据资产的商业价值

定期对企业数据资产进行价值评估，识别高价值数据并优先加以利用。

商业价值分析：对客户数据、交易数据等进行深入分析，确定其对业务增长的直接支持程度。

优先级排序：根据业务需求和数据价值，将资源集中在高价值数据的管理和应用上。

2. 数据治理与业务目标对齐

将数据治理活动与企业的核心业务目标相结合。

支持战略决策：提供基于数据分析的市场认知，助力产品开发、客户管理和市场扩展。

优化运营流程：借助高质量数据提高供应链效率、生产规划以及资源分配的精准度。

3. 投资先进的分析工具和团队

为持续提升数据价值转化效率，企业需要投资先进的分析工具和专业团队。

技术投资：引入大数据分析平台（如 Hadoop、Spark）、机器学习模型以及数据可视化工具，增强数据处理能力。

人才引入：打造专业的数据科学团队，负责挖掘数据的深层价值并制订可执行的商业计划。

4. 促进数据共享和创新

通过内部和外部的数据协作，推动数据的创新应用。

内部协作：促进各部门间的数据共享，开发新的业务场景和运营模式。

外部合作：与合作伙伴或第三方共享数据，在生态体系中挖掘新的商业机会。

5. 建立数据收益指标

为数据治理和应用构建明确的收益指标，用以衡量数据价值转化效果。

业务驱动指标：如客户获取成本降低、产品市场占有率提高等。

运营优化指标：如库存周转率提升、生产成本下降等。

通过遵循数据合规性和数据价值最大化原则，企业能够在保障合法合规运营的同时，充分释放数据的商业价值。这不仅增强了企业的数据管理能力，也为实现数据驱动的增长和创新奠定了坚实基础。

（九）数据持续改进原则

数据治理是一个动态且不断优化的过程，需要企业根据业务需求、技术发展和外部环境的变化持续改进治理策略和流程。通过持续地改进，数据治理能够更好地适应企业发展需求，并最大限度地释放数据价值。

实践要点如下。

1. 建立数据治理绩效评估机制

借助关键指标衡量数据治理的成效，为持续改进提供量化依据。

数据质量评分：用以监控数据的完整性、一致性和准确性。

数据使用率：分析数据在业务流程中的实际应用情况，挖掘未被充分利用的资源。

合规性指标：跟踪数据治理的合规性水平，确保符合最新法规要求。

2. 利益相关方反馈

定期收集数据使用者、业务部门以及外部合作伙伴的反馈，以发现现有治理策略中的不足之处：

- 设计问卷调查或召开反馈会议，了解各方对数据质量和可用性的意见。

- 根据反馈结果调整治理策略，例如优化数据共享流程或提高敏感数据保护水平。

3. 引入新兴技术

借助人工智能、区块链等新技术提升数据治理的智能化和自动化水平。

人工智能：运用 AI 工具实现数据清洗、分类和异常检测的自动化操作。

区块链：应用于数据溯源和安全共享，确保数据的透明性和不可篡改性。

大数据分析平台：采用分布式存储和处理技术，提高数据治理的规模和效率。

4. 流程优化与自动化

定期审查数据治理的工作流程，找出低效环节并加以优化：

- 利用 RPA（机器人流程自动化）减少重复性手动操作。
- 通过工作流管理工具优化数据处理和共享的审批流程。

（十）数据责任明确性原则

数据责任明确性原则要求在数据治理过程中清晰界定每个角色和部门的责任，确保所有治理任务都有专人负责。明确的责任划分能够提高数据治理的执行效率，减少管理盲区并化解风险。

实践要点如下。

1. 明确数据治理角色分工

为数据治理构建清晰的组织结构，明确不同角色和不同部门的分工。

数据治理委员会：负责制定数据治理的总体策略与政策，并统筹协调各部门的治理任务。

数据所有者（Data Owner）：对数据的质量、分类和使用负责，通常由业务部门负责人担任。

数据管理员（Data Steward）：负责执行治理政策，包括数据清洗、标准化和监控工作。

IT 支持团队： 提供技术支持，包括工具的配置和维护。

2. 制定职责清单

明确每个角色在数据生命周期中的具体任务，确保治理工作有序推进。

数据采集： 业务部门负责数据的合法采集和初步校验。

数据存储： IT 部门负责数据的安全存储和备份。

数据处理： 数据管理员负责数据的清洗、转换和标准化操作。

数据共享： 数据所有者负责批准共享申请，确保符合安全和合规要求。

数据销毁： 数据治理委员会监督敏感数据的合规销毁。

3. 配置问责机制

在治理过程中建立有效的问责机制，确保问题能够快速响应和解决。

责任追踪： 通过日志记录数据操作的责任人和执行时间，便于溯源。

绩效考核： 将数据治理任务纳入相关部门或人员的绩效评估体系，激励其积极履行职责。

问题响应： 设置专门的治理问题处理流程，例如敏感数据泄露或低质量数据流入系统。

通过数据持续改进原则和数据责任明确性原则，企业能够在动态环境中不断优化治理策略，并确保数据管理和使用的责任清晰明确。这种体系化的治理框架不仅增强了企业的数据管理能力，还能更好地支撑业务需求和战略目标的实现。

数据治理的核心原则为企业构建高效的数据治理体系指明了方向。这些原则涵盖数据的完整性、准确性、安全性以及共享性等多方面要求，助力企业在复杂的数据环境中实现高效管理和价值创造。通过严格遵循这些原则，企业能够在保障数据质量和合规性的同时，充分挖掘数据的潜力，推动业务增长和创新。

三、数据治理的组织架构

数据治理的组织架构是实施数据治理的基础，它通过明确企业中各个角色和部门的职责与分工，保障数据治理工作有序推进。完善的组织架构能够促进企业内部协作，推动数据治理政策的落地实施，同时提升企业对数据资源的管理水平和价值挖掘能力。

（一）数据治理组织架构的核心构成

数据治理的组织架构通常由多个层级的关键角色和机构组成，各个角色在数据治理中承担特定职责，共同形成高效协作的治理体系。

1. 数据治理委员会

定位：作为数据治理的决策层，其主要职责是制定总体战略和方针，提供资源支持并协调企业高层之间达成共识。

职责：

确定数据治理的长期目标与优先事项，确保数据治理战略与企业发展战略保持一致。

审核数据治理的政策、标准以及关键流程，确保各项措施在全企业范围内具有执行力和规范性。

提供资源支持，包括预算、人力和技术资源，消除治理实施过程中的障碍。

组成：包括企业的高层管理者，如首席执行官（CEO）、首席数据官（CDO）、首席信息官（CIO）及主要业务部门负责人。委员会成员需要具备全方位视角和决策能力。

2. 首席数据官

定位：作为数据治理的执行领导者，其任务是将委员会制定的战略转化为切实可行的实施计划，并在全企业范围内推动落实。

职责：

制定数据治理框架并持续加以优化，确保其能够适应业务需求和技术变革。

确保数据治理目标与企业整体业务战略的高度一致性，推动数据驱动的文化建设。

领导各部门开展合作，协调各部门在数据治理任务中的职责和资源分配。

典型对象：首席数据官或承担类似职责的高级管理者。

3. 数据治理办公室（DGO）

定位：作为数据治理的协调层，主要负责政策的执行和监督，是数据治理的日常管理中心。

职责：

制定和维护数据治理的政策、流程和标准，确保其具有可操作性和一致性。

提供必要的工具和技术支持，协助数据管理员和数据使用者完成治理任务。

监控数据治理的绩效指标（如数据质量、合规率），并定期向数据治理委员会提交报告。

组成：数据治理办公室通常由数据治理专家、技术顾问和项目经理组成，以确保在政策制定和技术实施之间形成良好的协同联动。

4. 数据所有者

定位：负责特定数据集的业务管理与使用，是具体数据资产的责任人。

职责：

制定数据质量要求、访问规则和使用限制，明确数据的治理标准。

审批数据的共享、使用和销毁申请，确保数据的使用符合合规要求和业务需求。

对数据的准确性、完整性和合规性承担最终责任。

典型对象：不同类型的数据由其所属业务部门的负责人管理。例如，财务数据由财务总监管理，客户数据由市场部负责人管理。

5. 数据管理员

定位：作为数据治理的执行层，负责数据的日常管理和技术操作工作。

职责：

实施数据清洗、整合、存储和监控任务，持续提升数据质量。

管理数据的访问权限，保障数据安全，预防未经授权的访问和操作。

配合技术团队快速解决数据问题，确保数据的可用性和完整性。

典型对象：技术部门的数据库管理员、数据工程师等专业技术人员。

6. 数据用户

定位：数据的最终应用者，负责将数据用于支持业务分析、创新和决策。

职责：

根据数据治理政策和权限获取数据，并根据业务需求开展数据分析和应用。

提供数据使用过程中的反馈，例如数据的质量问题或使用障碍，助力优化治理框架。

典型对象：包括数据分析师、产品经理、业务经理等，需根据业务需求灵活使用数据。

（二）数据治理组织架构的层级设计

数据治理的组织架构通常分为战略层、协调层、执行层和应用层，每一层级在数据治理体系中均承担特定的角色和功能。这种层级设计能够确保数据治理政策得以顺利实施与落地，从战略制定到具体应用形成完整的闭环。

1. 战略层

（1）组成

数据治理委员会和首席数据官。

（2）功能

战略层作为数据治理的最高决策层，负责制定数据治理的总体走向和方针，并协调企业资源以推动治理工作的开展。

制定数据治理的愿景与长期目标，确保其与企业发展战略保持一致。

规划数据治理的优先任务，包括数据质量提升、数据合规性和数据资产化管理等方面。

协调资源分配，为数据治理提供所需的预算、技术支持和人力资源保障。

审议重大数据治理政策和标准，确保在全企业范围内具有统一性和执行力。

2. 协调层

（1）组成

数据治理办公室。

（2）功能

协调层作为战略层与执行层之间的纽带，负责把战略层的政策、目标和规划转化为具体可执行的任务，并在各部门间统一推行。

制定并维护数据治理的政策、流程和标准，确保治理举措在所有部门的一致性和可操作性。

监控数据治理的实施进度和效果，借助关键指标（如数据质量评分、合规率）评估治理成果。

组织各部门的沟通和协作，协调不同部门在数据治理任务中的职责和资源分配，保证任务按时完成。定期向战略层汇报数据治理的实施情况，并提出有针对性的优化建议。

3. 执行层

（1）组成

数据所有者和数据管理员。

（2）功能

执行层承担具体落实数据治理政策的责任，直接管理数据生命周期里的各项任务，是治理工作的核心操作层级。

数据所有者负责特定数据集的管理和使用，包括制定数据质量标准、审批数据共享与使用申请，以及保障数据的合规性和完整性。

数据管理员负责执行数据清洗、整合、存储和监控等操作，确保数据达到既定质量标准，同时维护数据的安全性。

协作完成数据生命周期的具体任务，包括数据采集、存储、处理、共享和销毁，保障数据治理政策的落地实施效果。

4. 应用层

（1）组成

数据用户。

（2）功能

应用层是数据治理成果的直接受益者，通过治理后的高质量数据支持业务需求和创新活动。

根据权限和流程获取所需数据，并将其应用于业务分析、决策支持、产品开发和市场优化等场景。

在数据使用过程中发现问题，及时反馈给执行层或协调层，助力数据治理政策优化，推动数据驱动的业务创新。例如，基于客户行为数据开发个性化服务，或通过数据分析优化供应链管理。

通过清晰的层级设计，数据治理的组织架构能够达成战略与执行的无缝衔接，确保治理目标从规划到应用的全流程高效落实，为企业数据资源的管理与利用提供强有力的支撑。

（三）数据治理组织架构的典型模式

数据治理组织架构存在多种模式，不同模式适用于企业规模、行业特性及管理需求等不同情况。典型模式包括集中式架构、分布式架构和混合式架构，每种模式在决策权分配、实施方式和适用场景方面都有其独特特点。

1. 集中式架构

（1）特点

集中式架构由一个中心化的团队负责所有数据治理的决策和实施工作，通常由数据治理委员会或数据治理办公室进行统一管理。

（2）优点

统一性强，所有政策、标准及流程均由中心团队制定并执行，可减少各部门之间的分歧和不一致。

政策执行的协调性强，能够迅速推动企业级的治理目标和策略落地实施。

数据治理的监督和管理较为集中，便于高效分配资源并统一监控数据质量、合规性等关键指标。

（3）适用场景

小型企业，由于其规模较小且数据管理任务相对集中，集中式架构能够以较低的管理成本实现高效治理。

对需要高度集中控制的行业，例如金融和医疗等行业对数据安全和合规性要求极高，集中式管理有助于降低违规风险。

（4）难点

可能导致中心团队对业务部门需求响应较慢，特别是在多元化需求较为明显的企业环境中。

倘若中心团队资源不足，可能出现执行效率低下的情况，尤其是在数据量较大的情况下。

2. 分布式架构

（1）特点

分布式架构将数据治理工作分散到各业务部门，各部门负责自身的数据管理工作，同时具备一定的独立决策权。

（2）优点

灵活性高，各部门能够根据自身的业务需求灵活调整数据治理策略。

响应速度快，业务部门可以快速处理数据治理中遇到的具体问题，无须层层上报审批。

鼓励业务部门更积极地参与数据治理，促进数据与业务的紧密结合。

（3）适用场景

跨国公司，各区域或国家的业务单元需要根据当地法规和市场需求独立开展数据治理工作。

对业务单元高度独立的企业，例如多元化经营的集团公司，不同业务线的数据需求和管理策略可能存在较大差异。

（4）难点

可能导致标准不统一，不同部门之间的数据质量、定义和治理流程不一致。

数据孤岛问题可能加剧，各部门可能只倾向于关注自身数据的管理，而忽视跨部门协作。

3. 混合式架构

（1）特点

混合式架构融合了集中式架构和分布式架构的优点。战略目标和标准由中央团队统一制定，各部门在此基础上负责具体实施，同时中央团队提供支持和监督。

（2）优点

兼顾统一性和灵活性，既能够确保企业级数据治理的标准化，又能根据各部门的需求进行本地化调整。

中央团队提供支持和技术指导，可减少各部门实施治理时的技术壁垒以及资源浪费。

有助于提高跨部门协作效率，在统一标准下实现数据共享和资源整合。

（3）适用场景

中大型企业，尤其是需要在全球范围内兼顾不同业务单元需求的企业。

数据治理需要兼顾集中管理和部门差异化需求的行业，例如零售业和制造业。

（4）难点

对中央团队和部门间的协调要求较高，需要明确的责任分工以及高效的沟通机制。

需要在统一性和灵活性之间寻求平衡点，可能会增加治理的复杂性以及管理成本。

通过选择适合的组织架构模式，企业能够根据自身特点优化数据治理的效率和效果。在实际应用中，架构的选择需结合企业的规模、行业需求、业务复杂度和数据管理目标，以实现治理价值的最大化。

数据治理的组织架构是数据治理体系的支柱，直接决定了治理工作的效率和效果。通过科学设计组织架构、明确各角色的职责以及建立高效的协作机制，企业能够更好地管理和利用数据资源，从而支持业务目标的实现，提升整体竞争力。

（四）数据治理的跨部门协作机制

数据治理的跨部门协作机制是保障治理目标得以实现的重要手段。

随着企业数据量的不断增加和数据应用场景的持续扩展，跨部门协作不仅是技术手段的整合，更是组织文化、资源配置和流程优化的综合体现。高效的跨部门协作机制能够消除信息孤岛，促进数据共享，进而实现治理成果的最大化。

1. 跨部门协作的目标一致性

在数据治理中，各部门通常存在不同的关注点与优先级，这很可能致使协作过程中出现目标不一致的情况。所以，确保目标对齐是跨部门协作的首要任务。

统一愿景：建立面向全企业的统一数据治理愿景，明确治理工作的整体方向及价值体现。

任务优先级协商：借助定期召开的跨部门会议，对各部门的需求进行协调，确定短期、中期和长期的任务优先级。

治理指标的统一：制定涵盖各部门的数据治理指标体系（如数据质量、合规性、使用效率），确保评价标准的一致性。

2. 跨部门资源整合

高效协作离不开资源的合理配置与整合。跨部门协作机制需要打破数据治理相关的资源壁垒，为各部门提供平等且透明的资源获取路径。

共享技术平台：构建企业级统一的数据治理平台，提供数据共享、存储、分析等基础设施，以避免重复建设和资源浪费。

人力资源协调：在治理项目中设置跨部门的数据治理专员或联络人，由其负责沟通需求、分配任务以及反馈进展情况。

预算资源池：建立跨部门预算资源池，用于支持与数据治理相关的跨部门项目，确保资源能够灵活调配。

3. 动态协作流程设计

传统的固定协作模式往往难以适应快速变化的业务环境，因此需要动态的协作流程来提高效率。

敏捷协作机制：采用敏捷项目管理方法，把跨部门数据治理任务分解为小型迭代周期，通过持续反馈和优化来实现快速推进。

实时任务调整：引入实时调整机制，允许各部门依据业务需求的变化灵活修改协作目标和分工。

跨部门任务看板：运用数字化任务管理工具（如看板系统）跟踪协

作进度，使每一环节的责任与状态透明化，确保高效执行。

4. 决策支持机制

跨部门协作中常因职责交叉或利益冲突而引发决策困难，建立清晰的决策支持机制能够有效解决这一问题。

分级决策体系：将决策划分为不同等级，根据事项的重要性分配决策权。例如，常规问题由相关部门协商解决，重大问题则提交至数据治理委员会审议。

决策仲裁角色：在治理项目中设立独立的仲裁角色（如数据治理办公室），当部门间出现意见分歧时，由该角色进行协调或裁定。

数据驱动决策：利用数据分析结果来支持协作决策，借助可视化工具展现各方案的效果预测，减少主观判断带来的影响。

5. 闭环反馈与优化机制

跨部门协作的效率与效果需要通过反馈与优化实现持续提升。

闭环反馈系统：为每项协作任务建立闭环反馈机制，记录任务执行过程中出现的问题、采取的解决措施以及改进建议。

协作满意度评估：定期对跨部门协作的参与者开展满意度调查，收集各部门的意见和建议，用以优化协作流程。

成功案例复用：将高效的协作模式和成功经验记录作为案例，并在后续项目中进行推广复用。

6. 协作文化与激励机制

协作不仅依赖于制度与流程的设计，更需要文化与激励机制的支持。

协作文化塑造：倡导“数据是企业资产”的理念，弱化部门界限，鼓励各部门从企业整体利益出发参与数据治理工作。

跨部门培训与活动：定期组织跨部门的数据治理培训、经验分享或团队建设活动，加强部门间的信任与理解。

协作激励机制：建立针对跨部门协作的奖励制度，对协作表现突出的团队或个人给予表彰，激发协作热情。

通过构建目标一致、资源整合、流程动态调整、决策支持、闭环优化和文化激励的跨部门协作机制，企业能够显著提升数据治理的效率与效果。这种机制不仅可以减少部门间的摩擦与重复工作，还能够充分释放数据资源的潜在价值，为企业的战略目标的实现提供强有力的支撑。

第二部分

数据资产交易篇

第五章

发现价值：从估值到定价

随着数据在企业和市场中的地位持续攀升，如何对其进行准确估值和定价，已成为推动数据交易和管理的核心议题。数据资产的估值与定价涵盖了对数据价值的量化评估以及价格设定，这必须综合考量数据的独特属性、市场需求和法律法规等诸多因素。

一、数据估值的基本原则

数据估值作为量化数据资产价值的关键基础性工作，其科学性和实用性会直接影响企业对数据资源的管理和利用效率。在估值过程中，需遵循以下基本原则，以此保障数据价值的客观性、动态性及适用性。

（一）可用性原则

数据的可用性决定了其对实际应用的支持程度，可用性越高，数据在市场中的需求越大、价值越高。

1. 高质量数据

高质量的数据具备准确性、一致性和完整性。

准确性：数据反映的事实必须真实可靠，方能避免因错误信息导致决策失误。

一致性：数据在不同系统、部门之间应维持统一，以减少冲突和冗余现象。

完整性：数据内容丰富，能够覆盖业务需求的核心环节。

2. 即时性数据

即时性数据比静态数据更具市场价值，尤其是在那些需要实时响应的场景中：

- 实时更新的库存数据能帮助企业动态调整生产和物流计划。
- 金融行业的市场行情数据，其价值随着时间的推移而迅速降低，这凸显了数据即时性的重要性。

（二）相关性原则

数据的价值与其具体应用场景和业务目标的相关性密切相连。越贴合实际需求的数据，其价值越高。

1. 特定场景适用性

如果数据能够精准满足某一行业或业务需求，其价值会显著提升。例如：

- 医疗行业的患者病历数据对药物研发和临床试验意义重大，故而其估值较高。
- 零售行业的客户购买偏好数据有助于优化营销策略和库存管理，其价值同样也较高。

2. 战略价值

能够直接为企业决策、创新或提升竞争力提供支撑的数据，具有较高的战略价值：

- 数据分析结果可指导企业进入新市场的策略决策。
- 市场趋势预测数据能够协助企业抢占先机，创造额外收益。

（三）稀缺性原则

稀缺性是数据资产估值的重要驱动因素。越难以被复制、替代或获取的数据，其市场价值越高。

1. 独占性数据

企业专有数据（如用户行为数据、研发实验数据）具有独占性：

- 在线平台借助用户行为分析生成的个性化推荐算法所需数据具有高度独占性，价值极高。
- 科研机构的实验数据因其专有性和不可复制性而具有竞争优势。

2. 难以采集的数据

采集难度高的数据具有稀缺性：

- 地理条件复杂地区的环境监测数据因其采集成本高且具有独特性，其估值也较高。
- 全球供应链物流数据涉及多国多区域的数据整合工作，稀缺性十分明显。

（四）合规性原则

合规性是数据估值的基础和前提，如果数据不符合合规要求，则可能面临法律风险，致使估值降低甚至归零。

1. 隐私合规

数据必须符合隐私保护法规（如 GDPR、CCPA）：

- 未经用户授权的数据可能被认定为非法采集，将被禁止交易或使用，这会直接影响其估值。
- 经过脱敏处理且符合法规要求的数据，其合法性能够提升数据的可用性和交易潜力。

2. 交易合规

要确保数据在交易过程中遵循商业规则和法律要求：

- 企业间的数据交易协议需清晰界定数据用途，以防因不当使用而引发法律争议。
- 合规性评估是数据在交易市场上定价的重要依据。

（五）动态性原则

数据的价值并非恒定不变，而是会随着时间、市场需求以及技术发展而动态变化。

1. 时间敏感性

某些数据的价值会随着时间的推移而迅速变化：

- 实时金融市场数据在当天交易时段具有较高价值，而到第二天则可能迅速贬值。

● 历史数据在趋势分析和模型训练过程中，其价值或许会增长，尤其是那些长期积累而成的数据集。

2. 技术依赖性

技术的发展会影响数据的潜在价值：

● 人工智能和机器学习技术能够从原本价值较低的数据中挖掘出新的内容，从而使其价值得以提升。

● 原本孤立的生产设备数据通过物联网技术实现整合后，对优化生产效率的价值会显著增加。

通过遵循上述基本原则，企业能够科学地量化数据资产价值，为数据资产化管理、交易以及战略决策提供坚实基础。这些原则有助于企业识别高价值数据，避免不必要的投资，并推动数据资源的全面商业化应用。

二、数据估值的方法

根据数据的属性和使用场景，不同的数据估值方法适用于不同类型的数据资产。常见的估值方法包括收益法、成本法和市场比较法，这些方法各有优势与局限性，可根据具体情况选择单独或结合使用。

（一）收益法

1. 核心思路

收益法基于数据资产未来的预期收益进行估值。通过分析数据在业务运营中能带来的直接或间接经济效益，计算其当前价值。例如，利用用户数据优化营销策略所带来的销售额提升、成本节约或客户流失率降低等情况。

2. 适用场景

● 数据与企业核心业务直接相关，且能够量化其对业务贡献的数据资产，如客户分析数据、预测模型训练数据。

● 对数据的使用能够显著影响企业收益，如广告技术公司利用用户行为数据提升广告投放效果。

3. 估值步骤

确定收益来源：明确数据应用的具体场景及其所带来的经济效益。

量化收益：计算数据使用后直接或间接产生的额外收入或节约的成本。

折现处理：基于未来收益流量，采用适当的折现率计算数据的现值。

4. 优势

经济贡献：直接反映数据的实际经济价值，关注长期收益。

全面性：适合评估数据在多种场景下的潜在价值。

5. 局限性

模型假设：需基于假设收益模型进行估值，可能导致误差。

间接效益难估算：例如，通过数据提升客户忠诚度所带来的长期收益较难量化。

6. 示例

一家在线教育平台通过分析学生的学习行为数据（如课程完成率、练习正确率、学习时间段）开发了个性化推荐系统。该系统能够为学生推荐适合其学习水平和兴趣的课程，大幅提升了用户体验和平台收入。

应用场景：在个性化推荐系统上线前，平台的平均课程复购率为20%。推荐系统上线后，通过数据驱动的精准推荐，课程复购率提升到30%。

收益测算：

- 平台月活跃用户数为500,000人，每人平均课程购买价格为100元。
- 在没有推荐系统的情况下，月复购课程为500,000人×20%×100元=10,000,000元。
- 推荐系统上线后，月复购课程为500,000人×30%×100元=15,000,000元。
- 每月新增收入为15,000,000元−10,000,000元=5,000,000元。

估值计算：

- 假设推荐系统的数据支持服务可持续5年，折现率为10%。
- 数据资产的现值=5,000,000元 $\times\left[1-\frac{1}{(1+10\%)^5}\right]/10\% \approx$ 19,103,500元。

- 因此，支撑推荐系统的学习行为数据的经济贡献现值约为1,910万元。

通过收益法估值，学习行为数据的经济贡献清晰体现了其对平台核心业务的直接影响。该估值结果可用于财务报表中的无形资产列示，或为数据的商业化提供参考价值。

（二）成本法

1. 核心思路

成本法基于数据的获取和维护成本进行估值，主要计算数据采集、清洗、存储、处理等环节的投入总额，并将其视为数据的基础价值。

2. 适用场景

- 内部生成且未进行商业化交易的数据资产，例如企业内部运营数据、生产线监控数据。
- 数据采集和管理成本较为显著且易于量化的场景。

3. 估值步骤

确定成本范围：列举所有与数据获取、处理相关的直接和间接成本，例如传感器安装费用、数据存储硬件成本。

累计成本：计算数据生命周期内各阶段成本的总和。

调整成本：考虑数据更新维护的成本或折旧情况。

4. 优势

直观简单：估值方法清晰明了，易于追溯各类成本。

适用广泛：对未参与市场交易的数据资产同样适用。

5. 局限性

忽视市场价值：无法体现数据的稀缺性、独特性及其潜在市场需求。

静态估值：仅基于历史成本，未考虑数据的动态价值变化。

6. 示例

一家汽车零部件制造企业对其生产线的传感器收集的设备运行数据进行估值，旨在计算该数据的基础价值并纳入企业资产管理体系。

数据生成背景：

该企业的生产线安装了 500 个工业物联网传感器，用于实时监测设备的运行状态，包括温度、振动频率、运行速度和能耗等数据。这些数据主要用于优化生产效率、开展预测性维护以及进行能源管理。

成本分析：

- 传感器硬件成本：每个传感器的采购和安装费用为 3,000 元，总成本为 500×3,000=1,500,000 元。
- 数据存储费用：企业为存储传感器产生的数据购置了云存储服务，每年费用为 300,000 元，按设备数据寿命的 5 年计算，总费用为 1,500,000 元。
- 数据处理算法开发成本：企业为存储传感器产生的数据开发了一套机器学习算法，用于预测设备故障，开发费用为 1,000,000 元。
- 数据清洗和维护成本：数据工程师每年投入 100,000 元用于数据的清洗和维护，5 年总费用为 500,000 元。

总成本计算：

- 数据获取和管理的总成本：

1,500,000 元（硬件成本）+1,500,000 元（存储费用）+1,000,000 元（算法开发成本）+500,000 元（清洗和维护成本）=4,500,000 元。

估值结果：

- 基于成本法，传感器运行数据的基础价值为 4,500,000 元。这一估值反映了数据的获取和维护成本，作为数据资产的基础价值纳入企业财务体系。
- 通过成本法，企业能够科学评估设备传感器数据的基础价值。这一估值可用于资产负债表列示，也为数据资产的商业化应用（如合作共享、优化生产流程）提供明确的财务依据。

（三）市场比较法

1. 核心思路

市场比较法是通过参考市场上类似数据资产的交易价格开展估值工作。对比数据的类型、规模、质量和使用场景，估算目标数据的潜在市场价值。

2. 适用场景

- 具有活跃交易市场且定价透明的数据资产，如广告受众数据、天气数据或行业报告等。
- 数据定价易于参考现有市场的类似交易案例。

3. 估值步骤

收集市场数据：分析类似数据资产的市场交易价格及其定价依据。

对比分析：根据数据质量、用途、规模等因素对目标数据的参考价格予以调整。

确定估值范围：结合市场需求波动和交易频率来确定数据的估值上下限。

4. 优势

市场导向：估值结果贴近实际交易价格，更符合市场需求。

快速有效：特别适用于需要做出短期交易决策的场景。

5. 局限性

市场透明性不足：数据市场的定价机制可能不够透明，从而影响估值的准确性。

对比数据要求高：需要确保用于参考的交易数据与目标数据具有较高的可比性。

6. 示例

一家物流公司期望评估其自主收集的城市交通流量数据的市场价值，以便探讨数据交易的商业潜力。

数据背景：

该公司借助部署在 10 个主要城市的 500 个监控设备，收集了包括车辆流量、交通拥堵指数、平均车速以及道路占用率在内的实时交通流量数据。这些数据为公司优化配送路径和提高货运效率提供了有力支持，同时具备潜在的商业化交易价值。

市场参考价格：

物流公司通过数据交易平台了解到，类似的交通流量数据在交易市场的价格处于以下范围。

基础交通流量数据（仅包含拥堵指数和车速）：每 GB 5,000 元。

高质量交通数据（包括占用率、动态路线规划）：每 GB 8,000 元。

数据特点分析与估值调整：

- 数据覆盖范围：公司所覆盖的10个城市中，有5个是一线城市，其余5个是重要物流枢纽城市，因此数据覆盖的商业价值较高。市场中的大部分对比数据覆盖范围相对更小，所以需要对估值进行上调。
- 数据实时性：该数据的实时更新频率为每分钟一次，其实时性优于市场上其他大多数交易数据（每小时一次），这进一步提高了其市场吸引力。
- 数据规模：每个城市每月生成约50GB数据，10个城市共计500GB。

估值计算：

- 根据市场参考价计算：假设以每GB 8,000元为基准价。
- 数据特性调整：因覆盖范围和实时性优于对比数据，价格上调20%。调整后每GB价格为8,000元×（1+20%）=9,600元。
- 数据总估值为500×9,600元=4,800,000元。

通过市场比较法，物流公司对其交通流量数据估值约为480万元。这一估值反映了市场需求和数据特性，可应用于数据交易定价或内部资产管理，同时为公司探索数据商业化模式提供了定量依据。

7. 方法选择与综合运用

由于每种方法各有优劣，在实际估值中往往需要综合运用多种方法进行全面评估。例如，企业可先借助成本法计算基础价值，再结合收益法评估潜在经济贡献，最后参考市场比较法修正估值结果，以此确保结果的全面性和合理性。

通过科学的估值方法，企业能够更为清晰地认识数据资产的商业价值，从而为资产管理、投资决策和交易活动提供可靠依据。

三、数据定价策略

数据定价策略是将数据估值转化为市场交易价格的关键步骤，对数据资产的商业化成功与否有着重要影响。科学的定价策略需要综合考虑数据的成本、市场需求、使用场景和竞争环境等因素。以下是常见的几种数据定价策略及其详细分析。

（一）成本加成定价

1. 方法

以数据获取和处理的基础成本为起点，加入一定比例的利润作为附加值，最终确定数据的交易价格。

2. 适用场景

- 数据获取成本清晰明确，例如通过自有传感器采集的设备运行数据。
- 市场需求稳定，竞争环境较为简单，例如内部使用或供应链合作过程中的数据交易。

3. 优势

逻辑简单：适用于数据商业化的初级阶段，能够迅速确定价格。

覆盖成本：有利于确保数据的获取、清洗和存储等成本得以回收。

4. 局限性

忽略市场价值：无法充分体现数据的市场需求和稀缺性。

缺乏竞争优势：当市场竞争激烈时，可能致使定价缺乏吸引力。

5. 示例

一家制造企业出售设备运行数据，基础成本为 500,000 元，目标利润率为 30%。最终定价为 500,000 ×（1+30%）=650,000 元。

（二）按使用场景定价

1. 方法

依据数据的应用场景以及买方潜在收益来制定价格。例如，数据在医疗、金融和广告领域的应用价值可能存在极大差异，所以价格需要结合具体场景进行调整。

2. 适用场景

- 数据在不同行业中的使用价值差异显著，例如广告行业的用户行为数据与医疗行业的患者健康数据。
- 买方对数据的使用能够显著提升收益，例如通过用户画像优化广告投放。

3. 优势

最大化价值： 能够充分挖掘数据的潜在经济贡献，为企业创造更高收益。

支持差异化： 针对不同行业和买家的需求，设置灵活的价格，提高市场覆盖率。

4. 局限性

信息不对称： 需充分了解买方的使用场景和收益模型，否则可能导致定价偏低或过高。

复杂性较高： 定价需要依赖市场调研和收益测算，增加了实施难度。

5. 示例

一家物流公司将实时交通流量数据出售给两类客户：

- 市政规划部门用于优化交通网络，定价为每 GB 10,000 元。
- 广告技术公司用于动态广告投放，因潜在收益更高，定价为每 GB 15,000 元。

（三）动态定价

1. 方法

依照市场供需关系、数据的时效性以及使用频率动态地调整交易价格。例如，数据在供不应求或需求旺盛时价格上升，而在过剩或需求减少时价格下降。

2. 适用场景

- 实时数据交易，例如金融市场数据、天气数据和实时物流数据。
- 高频使用的数据，例如广告受众数据或流媒体平台的用户偏好数据。

3. 优势

灵活性高： 能够快速对市场需求和供给的变化做出响应，确保价格合理。

体现时效性： 对实时数据的价格波动具有良好的适配性。

4. 局限性

技术依赖： 需要具备高效的价格调整和监控机制，这会增加实施成本。

波动性风险：价格频繁变化可能引发买方的不满或观望情绪。

5. 示例

一家金融信息服务公司出售股票市场数据：

- 在交易高峰期（如市场开盘或重大事件期间），每分钟更新的数据价格上涨 50%。
- 在交易低谷期（如非交易时段），价格回落到基准价格的 80%。

（四）分级定价

1. 方法

将数据按质量、时效性和完整性划分为不同等级，再针对每个等级设定对应的价格。例如，高质量、实时更新的完整数据集定价会较高，而低质量或历史数据的定价则较低。

2. 适用场景

- 数据集合的复杂度较高，需要针对不同层次的买家需求提供多样性选择。
- 数据规模较大，例如包含不同维度的行业报告或综合数据库。

3. 优势

满足多样需求：能够提供灵活的选择，以此吸引更多目标客户群体。

提高利用率：数据分级后，能够覆盖更多市场层次，避免资源浪费。

4. 局限性

分级难度高：数据的质量和用途需经过准确分类和评估，这会增加技术的复杂性。

维护成本高：针对不同等级的数据进行定价和管理，需要投入更多的资源。

5. 示例

一家市场研究公司出售消费者行为数据，将其分为以下三种等级。

基础版：提供聚合统计数据，每 GB 定价 5,000 元。

专业版：提供时间序列数据和细分市场数据，每 GB 定价 10,000 元。

高级版：包含实时更新和个性化分析，每 GB 定价 15,000 元。

6. 策略选择与综合运用

在实际应用中，企业通常会根据数据的特性、市场需求和业务模式，综合运用多种策略来制订定价方案。例如：

- 对高质量数据采用分级定价策略，以吸引不同预算的买家。
- 在实时数据交易中，结合动态定价和按使用场景定价策略，优化价格弹性，实现收益最大化。

通过科学的定价策略，企业不仅能提升数据资产的商业化收益，还能在数据交易市场中建立竞争优势，为自身的长期发展提供支持。

四、数据定价的难点与应对

数据定价作为数据资产商业化的关键环节，面临诸多难点。这些难点对数据的交易效率和市场发展产生了影响，需要借助技术、管理和市场策略予以应对。

（一）数据价值的不确定性

数据的潜在价值难以准确量化，尤其是在评估间接收益（如提升客户满意度、优化运营效率）以及长期效益时，缺乏明确的衡量标准。

数据在不同行业和应用场景中的价值差异显著，这进一步增加了定价的不确定性。

应对措施如下。

建立动态评估模型：综合考量直接收益（如销售增长）、间接收益（如成本节约）以及长期效益（如战略支持），并据此动态调整数据估值模型。

引入第三方数据评估机构：借助独立专业机构所提供的客观、公正的评估报告，为定价提供参考依据，以减少主观偏差。

行业基准分析：通过对不同行业的数据应用价值展开调研，构建具有针对性的估值框架，从而提升数据价值评估的科学性。

（二）数据市场的不透明性

数据市场的信息较为匮乏，尤其是类似数据的历史交易价格和市场需求数据难以获取，致使定价缺乏依据。

数据市场的定价机制尚未实现标准化，这进一步增加了价格评估的复杂性。

应对措施如下。

搭建行业数据交易平台：构建集中化的数据交易市场，以促进供需双方的信息共享，提高价格透明度。

发布数据价格指数：定期收集和发布不同行业、不同类型数据的价格指数，为市场提供参考。

促进市场规范化：推动行业协会和政府机构制定数据交易标准，提升市场的整体透明度。

（三）法规和合规风险

数据交易过程中可能涉及隐私保护和数据使用权限问题。例如，未经授权的个人数据交易可能引发法律诉讼，进而影响数据的市场价值。

不同国家和地区的隐私保护法规（如 GDPR、CCPA）要求并不一致，这增加了跨境数据交易的合规难度。

应对措施如下。

确保合规性：数据交易必须严格遵守隐私保护法规，获取合法授权并清晰界定数据的使用范围。

提供脱敏数据版本：对交易数据进行脱敏或匿名化处理，确保在交易过程中既能保护隐私，又能保留数据的使用价值。

加强法律支持：配备专业的法律团队，为数据交易提供合规性审查和合同管理方面的支持。

（四）技术能力差异

数据买方的技术水平参差不齐，缺乏必要的分析能力或基础设施，这可能导致数据无法充分发挥其价值，进而降低其购买意愿。

对复杂数据的使用要求较高，而技术能力不足的买方难以将数据转化为实际收益。

应对措施如下。

提供技术支持服务：在数据交易中附加数据处理、分析以及可视化等技术服务，降低买方的技术门槛。

开展数据使用培训：为买方提供专业培训，助力其掌握数据使用方法，提高数据价值的实现效率。

开发简化工具：为买方提供用户友好的数据分析工具，使技术能力有限的买方也能轻松使用数据。

（五）数据时效性和生命周期

数据价值可能随着时间的推移而快速贬值。例如，实时金融数据在当日交易中的价值极高，但过期后几乎毫无用处。

数据生命周期的长短直接影响其在市场中的交易时间窗口，导致定价难以在时效性与收益之间达成平衡。

应对措施如下。

动态定价模式：根据数据的实时性以及市场需求的波动情况来调整价格。比如，时效性强的实时数据可采用高溢价定价，而历史数据则按折扣价格出售。

订阅式服务：针对需要持续更新的数据（如天气数据或行业动态），提供订阅模式，确保买方能持续获取最新数据，同时为卖方收益稳定提供保障。

数据价值延续策略：针对过时数据，重新分析其在趋势分析或模型训练中的潜在价值，以延长数据的生命周期。

通过上述措施，企业能够在应对数据定价难题的同时实现以下目标。

增强市场竞争力：通过透明、合理的定价机制吸引更多的客户。

提升市场规范性：借助标准化和合规化建设，推动数据市场的长期发展。

优化收益管理：通过动态调整价格策略，实现数据价值的持续挖掘和最大化。

科学的应对措施能够帮助企业在复杂的数据交易市场中保持灵活性和竞争优势，为数据资产的商业化奠定坚实基础。

第六章

让数据“上账”：会计处理与多元应用探索

数据资产的会计处理与业务应用是企业数据治理向财务管理和实际运营转化的关键步骤。通过系统的会计处理，企业能够量化数据的经济价值，同时在业务场景中实现数据资产的有效应用和价值转化。

一、数据入表的会计处理

数据入表的会计处理是企业将数据资产纳入财务体系的重要步骤。它包括数据资产的确认、计量以及在财务报表中的呈现方式，旨在从财务角度科学反映数据资产的经济价值，为企业资产管理和战略决策提供支撑。

（一）数据确认

数据资产的确认是数据入表的第一步，须满足以下条件才能被认定为企业的财务资源。

1. 可识别性

数据资产必须具有独立性和可分离性，能够单独计量并在市场上进行交易或转让。例如，经过整理的客户数据、市场分析报告或专有算法中的训练数据，均具有较强的可识别性。

2. 未来经济利益

数据资产应能为企业带来直接或间接的经济收益。例如，助力精准营销，从而提升销售额，或通过优化供应链来降低运营成本。若数据不能与明确的经济效益挂钩，则不具备资产确认条件。

3. 可控制性

企业需要对数据资产的使用和分配具有控制权。这种控制权可以通过法律保护（如知识产权或专有协议）或实际控制（如内部开发或限制访问的系统）等手段来实现。企业内部开发的算法数据或客户数据库，因其受控于企业内部系统，故而具备可控制性。

（二）数据计量

数据计量是数据入表的重要环节，包括初始计量和后续计量，以此确保数据资产的价值在财务记录中得以准确反映。

1. 初始计量

初始计量是数据资产首次入表时的价值确定，常用方法如下。

历史成本法：按数据开发、采集或购买的实际成本进行计量。例如，内部研发一套客户数据系统的费用可作为数据资产的初始成本。

公允价值法：基于市场交易价格或可比资产的估值来确定数据的价值。例如，企业从第三方购买的行业数据集可以按交易价格入表。

收益法：根据数据未来预期产生的经济收益进行折现估值。例如，一组数据通过分析对提升销售额的潜在贡献可用于评估其初始价值。

2. 后续计量

后续计量需定期评估数据资产的价值变动，确保财务记录能够反映数据的真实经济状况。

摊销处理：对于具有有限使用期限的数据资产（如特定市场分析数据），按预估期限进行摊销，将其账面价值定期分摊至费用科目。

减值处理：当数据资产的实际价值低于账面价值时（如数据过时或丧失经济收益能力），需计提减值准备以反映其价值损失。例如，针对一组过时的消费者行为数据进行价值重估，并计提减值费用。

（三）财务报表处理

将数据资产纳入财务报表是数据入表的最终目标，需确保其分类、列示和披露方式符合会计准则。

1. 资产负债表处理

数据资产应归类为“无形资产”，因其列示于资产负债表中，故可清晰地反映其作为企业长期资产的属性。例如，企业开发的客户数据集可作为无形资产的一部分，列示在资产负债表的长期资产科目下。

2. 利润表处理

数据摊销和减值费用应在利润表的相关科目中予以体现，直接影响企业的净利润。例如：

- 摊销费用记录在“管理费用”科目中，反映数据资产的使用成本。
- 减值费用记录在“资产减值损失”科目中，反映数据价值的下降对财务结果的影响。

3. 财务报表附注

附注需对数据资产的分类、计量方法和相关风险信息予以披露，增强财务信息的透明度。披露内容包括：

- 数据资产的主要类别，如客户数据、产品开发数据。
- 初始计量和后续计量所采用的方法。
- 数据资产面临的潜在风险，如市场需求变化、数据法律合规性问题等。

数据入表的会计处理为企业将数据资产纳入财务体系开辟了清晰的路径，通过确认、计量和报表处理，可全面反映数据资产的经济价值。这不仅有助于企业优化资产管理和提高财务透明度，还为战略决策和价值挖掘提供了有力支撑，促使数据资产在企业数字化转型中发挥更大的作用。

二、数据资产的财务影响

数据资产入表会对企业的财务状况和经营成果产生深远的影响。作为企业的重要无形资产，数据的资本化处理不仅提升了资产透明度，还在企业的财务报表中呈现出数字化转型的战略成果，同时为资本运作提供新的价值支撑。

（一）对资产负债表的影响

1. 提升资产规模

数据资产入表能够显著增加企业的资产总量。特别是在科技型企业和数据驱动型企业中，通过数据资产的确认和计量，企业的数字化投入和资源价值得以清晰体现。例如，大型零售企业通过客户数据和行为分析数据的资产化处理，显著提高了无形资产的占比。

2. 优化资产结构

数据资产作为无形资产的一部分，其入表能够优化企业资产结构：

- 通过明确资产类别（如技术数据、市场数据、客户数据），企业可以更好地向投资者展示其战略资源分布。
- 数据资产的资本化有助于平衡企业的有形资产和无形资产比例，反映企业在数字化转型中的资源配置成果。

3. 展现战略资源

在资产负债表中清晰列示数据资产，能够帮助外部利益相关方（如投资者和评级机构）更直观地了解企业的核心竞争力，尤其是数据资源的战略地位。

（二）对利润表的影响

1. 摊销与减值的计入

数据资产在使用过程中，因其有限的使用期限或价值下降，摊销费用或减值损失需计入企业的运营成本：

- 数据摊销费用按照使用年限平均分摊，增加当期管理费用或营业成本。
- 当数据资产因过时或用途变更而发生减值时，其减值损失会直接影响企业的净利润。例如，一家金融机构在资产负债表中列示的大数据分析模型，其摊销费用每年体现在管理费用中，而模型失效时的减值损失直接降低当期利润。

2. 数据收益的贡献

数据资产通过商业化活动（如数据交易、共享服务或内部分析支持）产生的收益，能够直接计入企业收入，提升利润水平：

- 数据交易收入，例如将匿名化客户数据出售给第三方研究机构。
- 数据驱动决策带来的间接收益，例如降低营销成本或提升销售转化率。这种收益能够抵消数据摊销费用的影响，从而为企业带来实际的净利润增长。

（三）对现金流量表的影响

1. 投资活动现金流出

数据采集、清洗、存储和分析的成本通常计入投资活动的现金流出，尤其是在建设初期，对数据基础设施和治理体系的投入较大：

- 数据中心的建设成本、服务器购置费用。
- 第三方数据购买费用或外包数据治理服务的支出。

2. 经营活动现金流入

通过数据资产的商业化活动（如数据交易、数据共享或基于数据的增值服务），企业能够增加经营活动的现金流入：

- 数据交易收入直接计入经营活动收入，例如一家电商平台通过销售用户行为数据获得的收益。
- 数据分析支持业务优化后产生的间接收益，例如通过供应链优化，降低库存成本的现金节省。这种现金流的正向变化增强了企业的资金流动性，为进一步的数据投资提供保障。

（四）对财务指标的影响

1. 资产收益率（ROA）

数据资产的入表增加了企业的资产总量，对资产收益率产生一定压力：

- 企业需通过提升数据资产的运营效率（如提高数据利用率、增加数据收益），保持甚至提升 ROA 水平。
- 数据驱动型企业通过开发新的商业模式（如订阅式数据服务）进一步优化资产回报。

2. 负债率

由于数据资产的资本化会增加企业的总资产规模，负债率随之下降，财务健康度因此得到改善：

- 负债率下降提升了企业的融资能力和信用评级。
- 在资本密集型行业（如金融和医疗），数据资产的列示为企业提供了新的资产抵押途径。

（五）对资本市场的影响

1. 提升投资吸引力

数据资产的透明化管理增强了企业在资本市场中的投资吸引力：

- 数据资产的列示为投资者提供了明确的数字化转型和资源利用情况。
- 企业能够以数据资产为基础，吸引更多投资者关注其未来的增长潜力。

2. 推动企业估值提升

资本市场对数据资产的认可进一步提升了企业估值：

- 数据资产为企业提供了新型的竞争优势，尤其是在互联网、科技和服务行业。
- 对拥有海量数据资源的企业而言，数据资产的列示能够直观地反映其市场价值，为股权融资和 IPO 提供支持。

通过科学的数据资产财务管理，企业能够清晰地展现其数据资源的战略价值和经济贡献。这不仅提高了财务报表的透明度，也为资本运作和业务增长提供了强有力的支持。

三、数据资产的应用场景

数据资产在企业的各个业务环节中都具备广泛的应用价值。通过系统化地挖掘和利用数据，企业能够优化内部流程，提升运营效率并推动创新发展。以下是数据资产在不同业务场景中的具体应用。

（一）市场分析

1. 发现客户需求

企业可通过剖析消费者行为数据（如购买记录、浏览历史、社交媒体互动）来识别市场趋势和潜在需求：

- 基于历史购买数据预测客户对新产品的接受程度，以此指导产品开发。
- 借助地域和时间分析，优化产品发布及市场推广的时机和渠道选择。

2. 竞争分析

凭借行业数据和市场动态数据，企业能够评估竞争对手的策略并制订差异化方案：

- 对比价格、产品特性和服务模式，找出竞争对手的优势和弱点。
- 分析市场占有率数据，确定竞争策略的优先方向，例如抢占空白市场或针对特定细分市场优化服务。

3. 精准营销

运用用户数据构建兴趣标签和消费倾向模型，企业能够大幅提高广告投放的效率：

- 根据客户行为数据调整营销策略，例如对高价值客户投放个性化广告内容。
- 利用实时数据优化广告渠道分配，提高营销转化率和投资回报率。

（二）客户管理

1. 客户画像构建

基于客户的购买记录、浏览行为、互动历史等数据，为每位客户生成个性化画像，以支持精细化运营：

- 按照客户偏好推荐产品，提升客户体验和满意度。
- 按收入、地理位置、消费频率等维度分类，为客户分层管理和定制服务提供数据支持。

2. 客户关系维护

通过分析客户互动数据（如服务反馈、投诉记录、评价），优化客户服务流程，增强客户忠诚度：

- 运用情感分析技术解读客户评价情绪，有针对性地调整服务策略。
- 记录并分析客户的服务需求，预先提供解决方案，降低问题反复沟通的成本。

3. 流失预警

利用机器学习算法分析客户行为特征，预测客户流失风险并制定挽留策略：

- 识别可能流失的客户群体，例如消费频率下降或负面评价增多的客户。
- 提供有针对性的优惠或个性化服务，提升挽留成功率。

（三）运营优化

1. 供应链管理

通过分析销售数据和历史需求数据，企业可以预测需求波动，从而优化库存和物流安排：

- 减少库存积压和物流延迟，提高供应链的反应速度和成本效率。
- 借助实时监控库存数据，自动生成补货订单或调整运输计划。

2. 生产流程优化

通过采集和分析设备数据、生产数据，发现流程中的瓶颈并提高生产效率：

- 监控设备运行状况，及时进行维护，避免因设备故障导致生产停滞。
- 分析生产线的效率数据，优化资源分配并减少非增值活动。

3. 资源配置

通过实时监控数据调整资源分配，减少资源浪费并提高整体运营效率：

- 在人力资源调度方面，根据实时需求分配员工，缩短高峰期的等待时间。
- 在能源管理方面，通过实时监测设备耗电量优化能源使用，降低运营成本。

（四）风险管理

1. 信用风险评估

通过整合客户的交易数据、财务数据以及信用记录，企业可以更全面地评估信用风险：

- 为客户授信时，分析其还款记录和财务健康状况，合理设定授信额度。
- 结合第三方数据（如征信报告）提高风险预测的准确性。

2. 运营风险预警

通过实时监控关键业务指标（如交易异常、账户活动异常等），企业能够及时察觉潜在的运营风险：

- 设置自动化预警系统，例如当交易额或登录次数异常时触发警报并进行分析。
- 定期审查高风险业务活动的模式，采取提前干预措施，降低风险事件的发生概率。

数据资产通过在市场分析、客户管理、运营优化和风险管理中的深度应用，为企业创造了关键价值。它不仅提升了业务效率，帮助企业通过数据驱动决策减少资源浪费、加快运转速度，还推动了创新增长，帮助企业开发新产品、优化服务并开拓新市场。同时，精准的数据分析与预测使企业在竞争中保持领先地位。数据资产的广泛应用不仅丰富了业务运营方式，更为企业未来的数字化转型和战略发展奠定了坚实基础。

四、数据资产的商业价值实现

数据资产的商业价值体现在其对企业运营效率、收入增长和成本优化的贡献上。通过科学使用和管理，企业能够将数据资产转化为实实在在的经济收益。以下是数据资产在商业价值实现中的主要途径。

（一）数据分析驱动的决策优化

1. 支持战略决策

通过大数据分析工具，企业能够精准洞察市场趋势和客户需求，为制定长期战略提供数据支持：

- 通过分析历史销售数据和行业动态，预测未来市场需求变化，为资源配置和业务扩展提供依据。
- 利用地域性数据，评估新市场的进入潜力或现有市场的深度开发契机。

2. 优化运营决策

实时数据分析助力企业动态调整运营流程，从而提升效率和应对能力：

- 在零售行业，分析销售数据和库存数据以调整补货策略，减少缺货和库存积压状况。
- 在物流领域，借助实时跟踪运输数据优化配送路径，降低物流成本和减少配送延迟现象。

（二）数据资产的直接交易

1. 数据交易市场

企业可将非核心数据通过数据交易市场进行出售或出租，从而获取直接经济收益：

- 物流企业将交通流量和运输时间数据共享给城市规划部门，用于优化交通网络。
- 零售商将匿名化的客户购买行为数据出售给消费品制造商，用于指导产品研发和市场定位。

2. 数据共享合作

通过与合作伙伴开展数据交换，企业达成互利共赢的商业模式：

- 电商平台与支付服务提供商共享用户数据，优化支付体验并提升用户黏性。
- 酒店和航空公司共享客户预订数据，协同推出旅行套餐或定制化服务，提高收入。

（三）数据资产的增值利用

1. 新产品开发

通过分析客户行为和偏好数据，企业能够挖掘市场痛点，开发创新产品：

- 健康科技公司利用可穿戴设备收集的用户数据开发健康管理解决方案。
- 游戏公司根据玩家行为数据设计新的游戏模式或推出个性化内容，提升用户体验。

2. 提升客户体验

基于客户偏好和历史数据，企业可提供个性化服务，提升客户满意度和忠诚度：

- 在线流媒体平台根据用户观看历史推荐个性化内容，提高用户黏性。
- 零售商利用购买记录提供定制化优惠和促销活动，提升复购率。

3. 智能化应用

借助人工智能和机器学习技术，从数据中挖掘价值，推动智能化应用：

- 运用预测模型分析客户行为，例如预测用户的购买倾向并提前优化库存配置。
- 在制造业中利用设备数据进行预测性维护，减少设备停机时间并降低维修成本。

（四）数据驱动的成本节约

1. 运营成本降低

通过数据分析识别业务流程中的低效环节，企业得以优化资源配置并减少浪费：

- 在制造流程中，通过分析生产数据识别耗时长且效率低的环节并予以改进。
- 在能源管理中，凭借实时监控设备能耗数据优化能源使用情况，削减能耗成本。

2. 精准资源分配

实时监控和预测能力使企业能够更科学地分配资源：

- 在人力资源管理中，根据工作量预测调整排班安排，减少闲置劳动力或人力不足的问题。
- 在广告投放环节，通过数据分析挑选高转化率的渠道，避免预算浪费。

（五）数据商业化的创新模式

1. 数据即服务（DaaS）

企业把数据作为服务输出，为客户提供数据分析结果或专业行业报告：

- 金融机构基于市场数据出具经济预测报告，为客户制定投资策略提供支持。

- 市场研究公司通过数据可视化工具给品牌客户提供行业趋势分析和消费预测。

2. 数据驱动平台

基于数据资产构建平台型业务模式，形成可持续的商业生态：

- 广告技术平台依靠用户行为数据匹配广告与目标受众，精准投放广告并收取服务费用。

- 电商平台通过分析商家和消费者数据优化供应链管理，同时为供应商提供决策支持服务。

数据资产的商业价值体现在多个方面。首先，通过数据交易、共享与增值服务，企业可以开辟全新的收入渠道，直接改善财务状况；其次，数据驱动的管理与决策协助企业高效利用资源，降低不必要的耗费，以此优化成本；最后，数据资产还为企业创新奠定了坚实基础，助力开发个性化服务、智能化应用以及探索全新商业模式，推动业务的持续增长与变革。

第七章

掌控交易节奏：数据流通全流程

数据交易流程是确保数据交易合法、规范且高效的关键所在。完整的交易流程包括数据识别与评估、交易谈判与协议签署以及数据交付与应用等。

一、数据交易到底交易的是什么？

数据交易是指数据所有者（供方）与数据需求方（买方）通过合法合规的渠道，将数据的使用权或所有权按一定价格予以转移的商业行为。交易内容可以涵盖结构化数据（如表格数据）、非结构化数据（如文本、视频）或基于数据的分析结果。数据交易作为数据资产化的重要环节，有力地推动了数据的流通与共享，促进了数据价值的实现。

（一）核心特征

1. 商品化

数据交易的本质是将数据作为一种商品或服务进行商业化运作。

数据商品化形式：数据可以以原始形式（如传感器收集的实时数据）、加工后的分析结果（如市场预测报告）或基于数据的技术服务（如推荐算法）进行交易。

高复用性：数据商品的突出特点是可多次交易且不会产生损耗。例如，一份市场调研数据可以被多家企业购买并应用于各自业务中。

市场需求导向：数据的商品化程度取决于市场需求。例如，实时金融数据和精准客户数据因其应用场景清晰而具有较高的商品化价值。

2. 合规性

合规性是数据交易的核心保障，确保交易行为符合法律和道德规范。

隐私保护：数据中若包含个人信息，需经过脱敏或匿名化处理，以免违反隐私保护法规（如 GDPR、CCPA）。

专有权保障：明确界定数据的所有权和使用权范围，防止因超范围使用或非法转售而引发纠纷。

跨境合规：在跨境数据交易中，需满足不同国家和地区的法律要求。例如欧洲对数据跨境传输有严格限制。

3. 灵活性

数据交易形式具有高度灵活性，可满足不同市场主体的需求。

出售：数据的所有权彻底转移，买方可永久使用该数据。

出租：数据的使用权在限定时间内转移，供方仍保留所有权，并可多次出租。

订阅：买方按周期支付费用，持续获取更新数据。例如金融机构订阅实时股票数据。

互换：双方通过交换各自的数据资源实现互利共赢，无须货币交易。

（二）数据交易的核心目标

1. 最大化数据的商业价值

通过数据交易，供方可以盘活沉淀的数据资源，深度挖掘其潜在价值。

数据在不同场景下的应用，能够实现其多维度价值。例如，物流数据在优化配送和城市规划中均能发挥作用。

2. 为供需双方创造经济收益

供方收益：数据交易为供方提供了直接的收入渠道，同时降低了数据存储和维护的成本。

买方收益：通过购买数据，买方可以快速获取高质量的数据资源，大幅减少自建数据采集和分析系统带来的高昂成本。

3. 推动数据流通与共享

数据交易打破了部门间以及企业间的数据孤岛，促进了数据的高效利用与协作。

数据流通提升了整个社会的数据使用效率，加速了数字经济的发展。

（三）数据交易的内容

1. 结构化数据

定义明确、格式化的数据，如客户数据库、财务报表数据。

适用于行业应用，如金融风控、精准营销和供应链优化等领域。

2. 非结构化数据

包括文本、音频、视频等非格式化数据，如社交媒体内容或视频监控数据。

应用场景广泛，如情感分析、舆情监控和智能视频分析等方面。

3. 数据分析结果

基于原始数据经过分析和加工而形成的高附加值产品，如市场趋势预测或用户行为模型。

适用于决策支持，如产品开发、市场拓展和客户服务优化等。

二、数据交易市场的类型

数据交易市场是数据供需双方开展交易的平台，其类型因参与方式和交易机制的差异而有所区别。以下是常见的数据交易市场类型及其特征分析。

（一）开放市场

1. 特点

开放市场对所有符合准入条件的供需方均予以开放，无论企业规模大小或所属行业背景如何，均可参与交易。

数据资源种类丰富多样，涵盖结构化数据、非结构化数据及数据分析结果等，且价格公开透明，便于交易方进行对比和选择。

2. 优点

促进竞争：数据供需方之间的相互竞争促使价格趋于合理化，同时提升了交易效率。

多样化选择：买方可以从多种数据资源中选择最符合需求的数据类型，这将极大增强市场的灵活性。

适合标准化数据：标准化程度高的数据（如气象数据、市场行情数据）在开放市场中更容易被推广和交易。

3. 缺点

数据质量参差不齐：由于其参与门槛较低，可能会出现数据质量难以保障的问题。

数据安全风险：数据来源较为复杂，可能涉及隐私问题或存在不合法的数据采集行为。

4. 典型案例

全球数据交易所（GDT）：提供跨行业、跨领域的数据交易平台，其资源覆盖金融、零售、制造等多个领域。

欧洲数据市场（EDM）：专注于欧洲地区的开放数据交易，有力推动了数据流通及标准化交易进程。

（二）私密交易市场

1. 特点

私密交易市场的交易通常在特定企业或组织之间开展，交易条款由双方通过协商来确定。

交易双方关系较为紧密，数据交易的内容和细节不对外公开。

2. 优点

数据针对性强：数据供方根据买方的具体需求提供定制化的数据服务或资源。

数据质量和安全性高：数据通常由可信来源提供，且交易双方会进行严格的合规审查和质量评估。

适合敏感数据交易：高价值或高度敏感的数据（如专有算法训练数

据）更适合通过私密市场进行交易。

3. 缺点

交易规模有限：参与方范围较小，交易规模和交易频率均处于较低水平。

市场扩展性不足：交易行为往往是针对特定需求而开展的，难以进行复制或大规模推广。

4. 典型案例

企业间定制数据交换协议：例如两家企业签订协议，约定定期共享运营数据以用于联合项目开发。

行业联盟交易平台：在行业联盟内部建立专属交易市场，如汽车行业的供应链数据交换平台。

（三）垂直行业市场

1. 特点

垂直行业市场专注于特定行业的数据交易，其资源具有高度专业化的特性，能够精准满足行业需求。

数据资源类型通常与行业特点紧密相连，如金融行业的交易数据或医疗行业的患者数据。

2. 优点

满足行业特定需求：通过提供专业化、高质量的数据，有力支持行业内的深度应用，如金融建模或医疗研究等。

数据价值高：由于行业内买方需求明确，数据的市场需求较为稳定，故交易价值高。

3. 缺点

市场规模有限：受制于行业范围，交易市场的覆盖面较为狭窄，扩展性较差。

竞争激烈：在专注于单一行业的市场中，供需双方对数据质量和价格的要求更为严苛，竞争压力较大。

4. 典型案例

金融数据市场（如 Refinitiv）：提供全球金融数据交易服务，金融数据覆盖股票、债券、外汇等多个领域。

医疗数据平台（如 Health Gorilla）：专注于医疗领域的数据交易，包括患者健康记录、药物研发数据等。

通过明晰数据交易市场的类型及其特点，企业能够依据自身需求选择适宜的交易方式：

- 开放市场适合广泛的数据流通和标准化交易。
- 私密交易市场适合定制化、高价值的数据资源交换。
- 垂直行业市场适合专注于行业需求的精准数据交易。

不同类型的市场满足数据交易场景的多样化需求，为数据资产的流通和商业化提供了有力支撑。

三、数据交易的主要参与者

（一）数据提供者

数据提供者是数据交易生态系统中的关键角色之一，负责数据的采集、整理和质量控制。数据提供者可以是企业、组织或个人，拥有独特的数据资源，并凭借这些资源为其他方提供数据支持。其核心任务在于确保数据的准确性、完整性和合规性，以此提升数据的商业价值和使用价值。

在数据采集阶段，数据提供者一般从诸多来源收集数据，如物联网传感器、用户行为记录、商业交易数据等。所采集到的数据可能是结构化的（如数据库记录），也可能是非结构化的（如社交媒体内容、音频、视频等）。为保障数据质量，数据提供者需要进行数据清洗和整理工作，去除冗余信息、修正错误数据，并将数据转换为适合交易和使用的格式。

除了数据质量控制，数据提供者还需遵循相关法律法规，特别是涉及个人信息数据时，必须符合数据隐私保护的要求（如 GDPR 等）。数据提供者需要确保数据在采集、存储和传输过程中的安全性，防止数据泄露或被滥用。此外，为了提升数据的商业价值，数据提供者常常会对数据进行初步加工和分析，提取有用的信息或数据特征，从而提升数据的实用性和市场吸引力。

（二）数据需求者

数据需求者是数据交易中的主要驱动力，他们借助购买的数据来支持业务决策、优化产品、开展市场分析等工作。数据需求者可以是各类公司或组织，涵盖科技企业、金融机构、零售商、政府部门等，他们凭借对数据的应用获得竞争优势并提升运营效率。

数据需求者的核心目标是获取高质量、及时且与其业务需求相匹配的数据。零售企业可能需要客户行为数据来分析顾客的购买偏好，以此制定精准的营销策略；金融机构则可能需要市场数据和客户征信数据来评估投资风险和信用风险。数据需求者不仅关注数据的内容，还在意数据的来源、质量和时效性，以确保数据能为其业务创造实际价值。

在数据的使用过程中，数据需求者通常会结合自身已有的数据进行二次分析和挖掘，以获得更深层次的业务洞察。通过将购买的数据与自有客户数据相结合，企业可以识别出更精准的市场细分和潜在的客户需求，帮助他们优化产品开发和市场推广策略。数据需求者在整个数据交易生态中是数据价值的最终实现者，他们借助应用数据提升业务决策的科学性，进而推动企业的整体发展。

（三）数据中介与数据经纪人

数据中介与数据经纪人是连接数据供需双方的重要桥梁，他们在数据交易的撮合过程中发挥着关键作用。数据中介的角色主要体现在以下几个方面：数据质量认证、交易撮合、合规性检查，以及为交易双方提供信任保障。

首先，数据中介负责对数据进行质量认证。数据交易中的一项重大挑战是确保数据的质量与可靠性，鉴于数据需求者通常无法直接验证数据提供者的数据质量，因此数据中介作为第三方对数据进行评估和认证，确保数据符合交易双方的质量要求，从而降低交易风险。经由数据质量认证，数据中介为数据需求者提供了购买决策的依据，提高了数据交易的透明度和信任度。

其次，数据中介还承担着撮合数据交易的任务。在数据交易市场中，数据需求往往具有多样性，而数据提供者所提供的数据种类和格式也各不相同。数据中介通过了解供需双方的需求和资源，为他们进行匹配，以此提高数据交易的效率。此外，数据中介还有可能提供数据标准化服务，将不同来源的数据进行格式转换和整合，以便数据需求者能够更便捷地使用这些数据。

再次，合规性检查同样是数据中介的重要职责之一。在数据交易过程中，涉及大量个人数据和商业机密，必须遵守相关法律法规。数据中介通过合规性检查，确保数据交易符合隐私保护和数据安全的法律要求，避免因违规操作而引发法律风险。

最后，数据中介会为交易双方提供信任保障。数据中介通常会制定交易规则和合同模板，帮助交易双方明确权利与义务，减少纠纷的发生。

（四）数据平台运营商

数据平台运营商为数据交易构筑了关键的基础设施并给予技术支持，是数据交易生态中至关重要的技术支撑角色。平台运营商凭借构建和维护数据交易平台，保障数据交易流程的高效性、安全性和透明性。

数据平台运营商首先开展数据存储和管理服务工作。交易平台需要处理海量数据，平台运营商负责数据的存储、加密和管理，以确保数据的安全性和完整性。借助先进的数据加密技术和访问控制措施，平台运营商保护数据免受未经授权的访问和潜在的安全威胁。此外，平台运营商还需要为数据的备份和恢复提供支持，确保在意外情况下能够迅速恢复数据，保障交易的连贯性。

在交易过程中，数据平台运营商提供支付和清算服务，确保交易流程的透明性和公正性。平台依靠安全的支付系统，确保交易双方的资金流转顺畅，避免因支付问题而引发纠纷。与此同时，平台运营商还会为交易双方留存交易记录，确保每一笔交易均可追溯，在出现问题时以便进行查证和处理。

此外，数据平台运营商还提供标准化的接口和工具，让数据供需双方能够方便地进行数据的上传、搜索和获取。这些工具包括数据格式转换工具、数据可视化工具等。平台运营商还会根据市场需求，不断优化平台的功能和用户体验，以吸引更多的供需双方加入平台，扩大数据交易市场的规模。

（五）数据监管者

数据监管者在数据交易生态中扮演着守护者的角色，肩负监督数据交易合法性的重任，确保所有数据活动符合相关法律法规，维护用户的隐私和权益。数据监管者可以是政府机构、行业协会，或者是独立的第三方审计机构。

首先，数据监管者负责拟定数据交易的规则和标准。这些规则涵盖数据采集、存储、传输及交易的各个环节，旨在保障数据交易的合法合规性。针对涉及个人隐私的数据，监管者要求数据提供者务必获取用户的明确授权，并在交易过程中遵循严格的隐私保护措施。数据监管者通过制定这些规则，为数据交易构建起清晰的法律框架，确保交易各方的行为在合法范围内。

其次，数据监管者还承担着对数据交易合规性进行监督的职责。在数据交易的各个环节，监管者会开展审计和检查，以确保交易双方遵循了相关法律法规和行业标准。对所发现的违规行为，监管者有权采取相应的处罚措施，如罚款、吊销交易许可证等，以维护市场的秩序和用户的权益。

最后，数据监管者还负责保护消费者权益。在数据交易中，个人数据被滥用和隐私泄露是消费者最为关心的问题。数据监管者制定隐私保护政策并实施监管，确保消费者的数据不会被非法使用。在欧盟，GDPR 针对数据处理的透明度、数据主体的权利、数据泄露的应对等方面均做出了严格规定，数据监管者的职责便是确保这些规定得到严格执行。通过这些举措，数据监管者有效保护了消费者的隐私权，增强了公众对数据交易的信任。

综上所述，数据交易的主要参与者涵盖数据提供者、数据需求者、数据中介与数据经纪人、数据平台运营商和数据监管者。每个角色在数据交易生态中均有特定的职责和任务，他们共同构建起一个完整的数据交易体系，确保数据在合法、安全的环境中高效流通和使用。

四、交易谈判与协议签署

数据交易的核心环节在于交易谈判与协议签署。此过程需要明确交易价格、数据使用范围以及供需双方的权利与责任，以保障交易的公平性、合法性和稳定性。一个完善的交易协议是确保数据交易成功及可持续合作的关键所在。

（一）定价协商

定价是交易谈判中最为关键的部分，需综合考量数据的质量、时效性以及独占性，进而达成供需双方满意的价格。

数据质量：高质量的数据（如准确性、一致性程度高且无缺失值）通常具有更高的市场价值，其价格也会相应提升。

时效性：实时更新动态数据（如金融市场数据、物流实时数据）因其高时效性而定价更高，而历史数据价格则相对较低。

独占性：如果数据具有稀缺性或供方承诺独占性（即同一数据不会卖给其他买方），其溢价能力便更强。

协商技巧：

- 供方应准备详尽的数据价值评估报告，以此支持其定价策略。
- 买方则可参照市场参考价格或借助替代方案来谈判获得折扣，尤其在数据质量或覆盖范围欠佳时。

（二）使用条款

需明确数据的用途、使用期限以及限制性条款，以防数据被滥用或出现违规操作。

用途限制方面：规定数据只能用于约定的业务场景，如仅供广告投放优化，严禁转用于竞争性产品开发。

使用期限：数据的有效使用时间必须清晰明确，如订阅类交易可能设定 1 年使用期，过期后则需重新授权。

二次交易限制：明确买方是否有权对数据进行二次销售或共享。某些高敏感性数据仅限内部使用，不可转售或公开。

修改与存储：规定买方是否可对数据进行修改或扩展，以及存储数据时需要采取的安全措施和设定使用期限。

示例条款：

以下是一个详细的示例条款，以常见的数据交易场景为例：一家物流公司将交通流量数据出售给一家智能城市规划公司，用于优化交通信号系统。

数据使用条款如下。

1. 用途限制

本协议所提供的交通流量数据（以下简称“数据”）仅可用于智能城市规划项目中的交通信号优化分析，不得用于其他目的。

买方不得将数据用于开发与供方业务竞争的产品或服务。

2. 第三方限制

买方未经书面授权，不得向任何第三方披露、转售、共享或授权使用数据。

若需与第三方合作方共享数据（如算法开发供应商），买方需事先书面告知供方并获得许可，并确保合作方与供方签署独立的保密协议。

3. 使用期限

数据的授权使用期为 12 个月，自数据交付之日起计算。

使用期限到期后，买方需在 10 个工作日内删除全部数据，包括备份文件，并提交删除完成的书面确认函至供方。

若需继续使用数据，买方需在期限到期前 30 个工作日内提交续期申请，经供方批准并支付附加费用后续期。

4. 访问与存储限制

数据应仅存储在买方内部的安全服务器中，禁止上传至任何公开的云存储平台或易被未经授权者访问的设备。

买方需采取加密技术（如 AES-256）对数据存储和传输进行保护，并限制访问权限，仅授权相关项目成员使用。

5. 数据修改与扩展

买方不得对数据内容进行任何形式的修改、补充或去标记处理，除非获得供方的明确书面同意。

若买方需对数据进行聚合分析或产生派生数据，派生数据的所有权和使用权归属需另行协商。

6. 合规性要求

数据中若涉及个人信息，供方须完成脱敏处理，确保数据不包含任何直接可识别的个人信息。

买方应严格遵守适用的隐私保护法规（如 GDPR 或 CCPA）及其相关规定。

（三）法律协议

数据交易合同是确保交易合规的法律文件，需详细规定供需双方的权利与义务。

供方的义务：

- 提供高质量的数据，确保数据符合描述并在规定时间内交付。
- 确保数据来源合法合规，不存在任何侵犯第三方权利的行为。

买方的义务：

- 按协议支付交易费用，并按规定使用数据。
- 遵守合同中所规定的用途和所包含的限制性条款，不得超范围使用数据。

争议解决机制：

- 确定争议发生时的解决方案，如优先通过协商解决，若协商无果，则提交仲裁委员会仲裁或法院裁决。
- 明确适用法律和管辖地，如在跨境交易中需选定适用的国际法或本地法律。

隐私保护条款：

- 数据交易涉及个人隐私时，合同中需包含隐私保护要求，确保数据在交易和使用过程中不会导致隐私泄露或违规使用。
- 买方需承诺采取数据脱敏、加密等措施保障数据安全。

注意事项如下。

1. 合同的完整性

交易合同应包含以下核心内容。

数据描述：明确交易数据的类型、格式、质量标准、覆盖范围以及交付形式。

定价条款：详细记录价格及支付方式，如一次性支付、分期付款或订阅模式。

使用条款：界定用途、期限和限制性条款，防止因解释不一致而引发纠纷。

合规性声明： 确保供方提供的数据符合当地法律法规要求，无第三方权利争议。

2. 争议解决机制

明确双方在交易中因质量、交付或使用问题产生争议时的解决方案。例如：

- 数据交付后如发现质量问题，供方应在特定时间内修正或给予补偿。
- 争议协商时间、仲裁方式以及法律适用地等细节需在合同中予以明确。

3. 数据风险保障

对于高价值数据交易，建议增加保密协议（NDA）和保险条款，以防数据泄露或意外损失给供需双方带来不必要的风险。

在合同中规定，若出现数据泄露或非授权使用，供方与买方的责任划分和赔偿条款。

通过科学合理的交易谈判和协议签署，供需双方可以实现以下目标。

确保交易合法合规： 通过详尽的协议条款，减少违规风险。

降低交易风险： 通过明确权责划分和争议解决机制，避免交易纠纷。

提升交易效率： 通过结构化的谈判流程和协议模板，加速交易达成。

保障数据价值实现： 通过定价和使用条款的合理性，确保数据的商业价值得到最大化体现。

数据交易谈判与协议签署是数据交易流程中不可或缺的一环，其规范化和标准化将进一步推动数据交易市场的健康发展。

五、数据交付与应用

数据交付与应用是数据交易完成后的关键环节，其直接关系到交易数据的安全性、质量以及实际价值的实现。借助科学规范的交付流程与高效的数据集成手段，买方能够迅速将数据应用于业务之中，从而充分发挥其商业价值。

（一）数据交付

数据交付是供方将交易数据传输给买方的过程。在此过程中必须确保数据的安全性和完整性。

1. 加密传输

运用安全文件传输协议（如 SFTP、FTPS）或数据加密技术（如 AES-256）保障数据在传输期间的安全。

如果数据通过实体介质（如硬盘、U 盘）交付，应采用硬件加密并借助物流全程追踪运输情况。

2. 交付形式

电子交付：供方借助专属安全下载平台或云存储服务提供数据下载链接，买方接收后需验证文件完整性（如检查哈希值）。

物理交付：供方将数据存储在硬盘等物理介质中，以确保介质加密并通过安全渠道交付。

3. 交付通知

数据交付完成后，供方需向买方发送交付确认通知，并附交付记录（如传输日志、数据摘要信息）。

（二）买方验收

买方在接收数据后需对其进行验收，以确保交付数据符合合同要求。

1. 完整性验证

检查数据文件是否完整，如通过校验文件的哈希值（如 MD5、SHA-256）确认文件未被篡改。

同时要确保交付数据涵盖合同约定的所有字段和记录，数据集不存在缺失情况。

2. 质量检查

验证数据的准确性和一致性，比如随机抽样检查关键字段（如时间戳、数值范围）是否合理。

对于动态数据，需验证数据的实时性是否符合合同约定。

3. 验收确认

验收完成后，买方需向供方提交验收确认函，确认数据质量和交付符合交易要求。若发现问题，应在合同约定的期限内向供方提出修正请求。

（三）数据集成

数据集成是买方将交易数据导入内部系统或平台的过程，旨在确保数据能够快速应用于业务之中。

1. 导入内部系统

把数据加载到业务系统（如 CRM、ERP、BI[①] 工具）或数据平台（如数据湖、数据仓库）。

确保数据的格式、结构与目标系统相兼容，必要时需对数据进行格式转换或映射处理。

2. 权限设置

在集成过程中，买方需对数据的访问权限进行分级设定，仅授权相关部门或人员使用，防止内部数据被滥用。同时结合身份验证技术（如多因子认证）提升数据使用的安全性。

（四）交付检查

1. 保证数据交付安全

通过加密传输、严格的权限管理等方式，确保数据交付过程不受外部攻击或未授权访问的威胁。

2. 确保数据验收合格

借助严格的质量和完整性检查，帮助买方验证数据是否满足交易需求，避免因数据问题而影响后续业务。

3. 实现数据高效应用

快速将数据集成到内部系统或平台中，确保数据能够及时用于业务分析、产品开发或运营优化。

---

① 商业智能。

4. 降低后续风险

通过明确验收标准和权限设置，减少数据交付和应用中潜在的争议和风险。

5. 示例场景

场景：物流数据交易

一家城市规划公司购买了一家物流公司的交通流量数据，用于优化交通信号并提升道路效率。

（1）数据交付

供方通过安全文件传输协议（SFTP）提供了包含 1 年交通流量数据的文件（50GB CSV 文件）。

买方接收后，通过 SHA-256 校验值确认文件完整性。

（2）买方验收

随机抽样验证交通数据的时间戳、路段名称以及车辆流量字段符合预期。

买方对比了部分路段的历史数据，确认数据准确性符合合同约定。

（3）数据集成

买方将数据导入其数据仓库系统，并通过 ETL 工具转换为可用于其信号优化算法的标准格式。

数据导入后，买方为数据设置了访问权限，仅授权交通规划部门的分析团队使用。

通过以上流程，数据交付与应用的安全性和效率得以有效保障，为买方后续的业务创新奠定了坚实的数据基础。

六、数据交易中的合作模式

（一）数据共享协议与合同

数据共享协议与合同是数据交易中至关重要的一环，它明确规定了数据交易双方的权利与义务，保障数据交易过程的透明性和合法性。借助清晰的协议内容，双方能够减少不确定性，降低纠纷风险，进而建立良好的合作关系。

数据共享协议主要包括以下几个方面的内容。

1. 数据使用范围与目的

协议需明确规定数据的使用范围和具体目的，以此确保数据需求方仅将数据用于约定的用途，防止数据被滥用。例如，若数据用于市场分析，协议中应明令禁止将其用于其他不相关的商业活动。

2. 数据权属与知识产权保护

协议需清晰界定数据的所有权，明确数据在交易完成后的权利归属，防止除需求方之外的第三方未经许可擅自使用数据。数据提供者可在协议中保留数据所有权，以便在数据使用过程中拥有合法的追索权。

3. 数据保密条款

在数据共享过程中，双方可能会涉及商业机密或敏感信息。协议中应包含保密条款，要求双方不得向第三方泄露数据的内容。保密条款通常还涉及如何处理数据泄露的补救措施，以此维护数据提供者的利益。

4. 数据合规性

协议中应规定数据的合规性要求，数据的采集和使用需符合相关法律法规，如数据隐私保护以及跨境数据流动的规定。尤其在涉及个人敏感信息时，必须确保数据处理符合当地的隐私保护法律，以规避法律风险。

通过签订详细的数据共享协议或合同，数据交易双方的责任和权利得到了有效保障，这不仅有助于提升数据交易的信任度，也为数据交易市场的健康发展提供了制度保障。

（二）数据联合开发合作

数据联合开发合作属于一种多方共同开发和利用数据资源的合作模式，通过汇聚各方的数据资源与技术能力，产生协同效应，实现各方互利共赢。在这种合作模式下，不同的参与方根据各自优势，共同开展数据的开发、分析和应用，以实现更大的商业价值。

1. 技术合作

在数据联合开发合作中，各方可以基于彼此的数据资源展开技术合作，共同进行数据建模、算法研发等工作。例如，一家电商公司与一家物流公司可通过联合开发合作，利用双方数据构建更高效的物流优化模型。电商公司提供用户订单数据，物流公司提供运输和配送数据，双方通过技术合作提升物流效率，进而降低成本并改善客户体验。

2. 数据联合分析

联合分析是数据联合开发合作的重要组成部分。不同企业的数据资源往往各具特色，将这些数据整合后，能够挖掘出更大的价值。例如，金融机构与零售企业可通过联合分析各自数据来进行客户信用评估和购买行为预测。金融机构拥有丰富的客户信用数据，零售企业则掌握消费者的购买习惯数据，通过联合分析，双方能更精准地识别高价值客户和潜在风险。

3. 共同投资与成果共享

数据联合开发合作通常需要各方共同投入资源，包括数据、技术、人员等方面。在合作成果分配上，各方根据投入比例和贡献大小，共同分享数据开发所获得的收益。例如，一些科技公司与城市政府合作，运用物联网和大数据技术开展智慧城市建设，双方不仅共享数据资源，还共享建设成果带来的社会和经济效益。

数据联合开发合作模式打破了数据孤岛，将各方的优势资源整合在一起，从而创造出更大价值。这种合作模式在技术研发、市场推广以及产品创新等领域均有广泛应用，是数据交易生态中越来越重要的组成部分。

（三）数据托管与授权使用

数据托管与授权使用是一种在保留数据所有权的前提下，将数据的使用权授予第三方或合作伙伴的合作模式。这种方式能让数据持有者在掌控数据的同时，借助合作释放数据价值，适用于需要长期合作或者对数据所有权较为敏感的情形。

1. 数据托管

数据托管是指数据持有者将数据交付专业的数据托管服务商进行管理和维护。这种方式适用于那些期望保障数据安全性与完整性，但自身缺乏自行存储和管理数据能力的企业。例如，中小企业可能将其用户数据托管到云服务提供商处，由专业的托管机构负责数据的存储、备份和安全管理。通过托管，数据持有者可确保数据在安全可靠的环境中得到管理，且无须承担高昂的存储和维护成本。

2. 授权使用

授权使用是指数据持有者允许合作伙伴在特定条件下使用其数据，而数据所有权仍归数据持有者。授权使用通常会通过签订授权协议，明确授权范围、期限、用途及相关限制。例如，一家持有大量交通数据的企业可授权一家研究机构使用这些数据开展交通优化研究，但明确禁止将数据用于商业目的。通过授权使用，数据持有者在维持对数据控制权的基础上，能够将数据价值转换为经济收益。

3. 数据托管与授权使用结合的模式

在某些情况下，数据托管与授权使用可结合使用。例如，数据持有者将数据托管在中立的第三方平台，授权多个合作伙伴通过平台访问并使用这些数据。这种模式既能有效保障数据的安全性和使用合规性，又能使数据应用更为灵活多样。健康医疗数据的托管和授权使用便是一个典型案例，医院将患者的健康数据托管到专业数据平台，授权研究机构开展医学研究，从而推动医疗技术进步。

数据托管与授权使用模式为数据持有者开辟了一条灵活且安全的途径，将数据所有权与使用权分离，既保障了数据控制权，又实现了数据的价值转化。通过合理的授权和托管安排，数据持有者可充分利用数据资源，实现商业利益最大化，同时保持对数据的严格管理，以降低风险。

第八章

数据变现之道：商业模式的突破

数据交易的商业模式决定了数据的流通方式和收益分配，是推动市场发展的关键动力。不同的商业模式满足了供需双方多样化的需求，对数据的获取方式、定价策略以及应用效果产生直接影响。通过选择合适的商业模式，数据供方能够使数据价值实现最大化，而需求方则能以更灵活、更经济的方式获取所需数据。

一、数据出租模式

数据出租模式是指数据供方保留数据所有权，仅在特定条件和期限内将数据的使用权出租给买方。供方通过合同或协议，授权买方在规定时间、范围和用途内使用数据，同时禁止其超范围使用、复制、转售或公开数据。数据出租通常伴随严格的使用限制和监控举措，以确保供方的数据资产不被滥用。

（一）收益模式

在数据出租模式下，供方主要通过以下几种方式获取收益。

1. 按使用频率收费

数据出租常见的收益模式是按使用频率收费，即根据买方访问数据的次数或调用接口的频率进行计费。例如，供方可以设置 API（接口）

供买方调用，每次调用按次收费，这种方式尤其适用于那些不定期获取数据的买方。这种收益模式具有高度灵活性，供方可以根据访问频率灵活设定价格，买方也能够按需购买，避免长期资金占用。按使用频率收费颇具吸引力，因为它降低了买方的初期进入门槛，对中小企业以及需要测试数据适用性的用户来说，这种模式使他们能够以更低的成本使用数据。

此外，按使用频率收费的模式有利于数据的有效利用。供方可以基于使用频次来制定不同的计费档次，如基本访问、标准访问和高级访问，这些档次之间可涵盖不同的服务级别，从而满足不同客户的需求。这种模式尤其契合 API（接口）调用次数多、数据实时性要求高的场景，比如实时监控、市场趋势追踪等。

2. 按使用时长收费

按使用时长收费是另一种较为灵活的收益获取方式，买方支付一定的费用，以获得在特定时间段内访问和使用数据的权利。这种模式通常以订阅形式呈现，订阅周期可以是月度、季度或年度。按使用时长收费的模式非常适宜那些需要持续获取数据但又不想长期持有数据的买方，比如学术研究机构或行业分析师，他们可能在某段时间内开展集中的数据分析，但并不需要长期使用该数据。

这种订阅模式能为供方提供持续稳定的现金流，同时可以通过设置不同的订阅期限和数据更新频率来设计多层次的服务，以满足不同层次客户的需求。供方可以借助提供增值服务，如数据咨询和分析支持，提升订阅的吸引力。并且，订阅模式能够根据客户的实际需求提供不同的价格选项，增加客户的选择灵活性，同时实现供方收益的最大化。

3. 按数据量收费

数据出租的收益模式还包括按数据量收费，即根据买方实际获取的数据量来计费，如按照数据条目数、文件大小或传输流量收费。这种模式特别适合那些对数据需求量差异明显的买方。一些大数据分析公司可能需要从一个庞大的数据库中提取特定的数据集，而另一些买方则只需要较小的数据片段。

按数据量收费，供方能够在数据使用量较大时获取相应的经济回报，而买方则根据实际需求获取数据，避免了数据浪费。这种模式有助于推动数据资源的合理利用，供方还可以基于数据的类型和质量设置不同的计费标准，例如，对高价值的实时数据和低时效性的历史数据进行差异化定价，以进一步实现收益最大化。

4. 套餐定价

套餐定价是一种灵活多样的收益模式，供方依据数据的不同使用需求提供不同等级的服务套餐，包含不同的数据访问权限、更新频率，买方可按需选择合适的套餐。基本套餐可能只提供有限的数据访问权限和较低的更新频率，而高级套餐或许包含更高频率的数据更新、全天候技术协助，以及更高的 API 调用频率。这种套餐定价方式不仅能够满足不同规模客户的需求，还可以通过提供附加服务来增加收益。

供方通过套餐定价模式，对客户进行细分，提供差异化服务，提升客户的黏性。对于需要高频更新数据的客户，供方可以提供高价值的实时数据服务，并配备专属的数据分析工具和专家支持服务，增加服务的附加价值。通过捆绑销售数据和相关服务，供方能够提高客户的满意度和忠诚度，进而构建长期的客户关系。并且，套餐定价还可以通过提供折扣或促销活动来吸引新客户，拓展市场覆盖面。

数据出租的多种收益模式使供方能够根据不同买方的需求灵活地制定收费策略，从而实现数据资产的持续变现和市场的全面覆盖。这些收益模式不但助力数据供方将数据的商业价值最大化，同时也为买方提供了灵活的数据获取途径，使得数据的获取与使用更为经济、高效。

（二）适用场景

1. 实时数据需求

对于需要实时或高频率更新数据的应用场景，数据出租模式极为适用。例如，股票行情、外汇报价、商品期货价格等金融市场数据，其实时更新的需求使得买方能够借助租用数据获取高频次的数据更新，进而在动态市场中迅速做出决策。这类实时数据对于金融机构、投资者以及对冲基金等而言至关重要，他们需要通过分析实时数据来捕捉市场波动，制定最优交易策略。数据出租模式提供了灵活的访问机制与按需支付的方式，买方能够依据使用频率进行数据租赁，从而削减数据获取的初期投入成本。

实时数据的应用范畴还包括天气预报系统、交通流量监测、新闻及社交媒体的实时动态等领域。在这些场景中，数据的时效性直接影响到决策的有效性与应用成效。数据出租模式通过赋予实时访问权限，帮助买方在短时间内制定出最优决策，提高业务响应速度。

2. 高价值数据的短期使用

在某些情况下，买方在特定项目、研究或决策中需要使用高价值数据，但不需要长期持有。这种短期使用的需求与数据出租模式高度契合。例如，市场分析师在开展特定行业研究时，或许需租用特定领域的高价值数据来完成分析报告，而这些数据在项目结束后便不再有长期使用价值。因此，数据出租为这种临时性的高价值数据需求提供了经济且高效的解决方案。

类似的场景还有法律诉讼中的证据数据、短期市场调研中的消费者数据等。这些数据对买方来说价值颇高，但其需求呈现显著的阶段性特征。借助数据出租，可使数据利用率最大化，同时规避长期持有而产生的额外成本。此外，这种模式还便于买方根据项目的不同阶段灵活调整数据需求，筛选适配的数据集。

3. 测试和评估阶段

买方在决定购买数据所有权之前，通常希望通过短期租用来测试数据的适用性和实际价值，以降低购买风险。数据出租模式恰好为买方在测试和评估阶段使用数据开辟了途径。例如，一家公司在将新数据引入产品开发流程之前，可能希望通过租用的方式对数据进行充分评估，以确保数据在应用中的效果符合预期，从而避免一次性投入大量资金购买不适合数据的风险。

在这种情况下，数据出租不仅帮助买方降低数据采购风险，还提供了在不同数据集之间进行对比的契机，买方能够通过测试多种数据来源，挑选出最契合其业务需求的数据。这种测试评估的方式在科研机构、技术研发企业以及从事创新产品开发的公司中被广泛应用，他们通过租用数据开展概念验证，从而实现高效的资源利用。

4. 数据敏感性高的场景

当数据涉及敏感信息，或者数据供方期望严格把控数据的传播范围时，数据出租模式成为一种既能实现数据商业化，又能确保数据不被滥用的有效途径。通过出租模式，供方保留了数据所有权，仅向买方授予有限的使用权限，并可以借助合同中的严格条款来限制数据的使用范围和方式，从而保障数据安全。

例如，医疗健康数据、个人征信数据等具有高度敏感性且具有隐私保护需求的数据，供方可选择出租而非出售的方式，从而维持对数据的严格管控。这些数据的应用必须在合规和隐私保护的框架下进行，数据出租模式能够通过限制访问时间、访问权限以及监控数据使用状况的方式，确保数据仅在授权范围内被使用，防止敏感数据被不当传播和滥用。

此外，在政府与企业合作的场景中，涉及国家安全、公共安全等方面的数据，通常需要严格控制数据的流动性。数据出租为这种情况下的数据使用提供了行之有效的解决方案，使得数据能够在受控条件下被授权使用，实现数据的价值转化，同时确保数据的安全性和合规性。

（三）优势

1. 供方的优势

控制数据所有权：在数据出租模式下，供方始终保有对数据的所有权，这有利于维护数据资产的完整性和安全性，防止数据未经授权而被扩散和滥用。保有所有权意味着供方能够全面掌控数据的整个生命周期，包括数据的存储、传输以及使用方式等方面，从而降低了数据被滥用的风险。借助严格的合同条款和监控机制，供方能够有效控制数据的传播路径和使用条件，特别是在涉及敏感数据时，这种控制显得尤为关键。

持续收益：数据出租模式为供方创造了持续的收益流。通过订阅和租赁的方式，供方能够获得稳定的现金流，从而实现数据价值的持续变现。与一次性出售数据所获收益固定不同，这种模式通过持续提供服务，构建起长期稳定的收益来源。数据供方可以采用月度、季度或年度订阅等形式，为客户提供定期的数据访问服务，这样既能维持长期的客户关系，又能获得源源不断的经济回报。这种稳定的收益流入还有助于供方在数据质量和服务优化方面进行长期投入和改进。

市场拓展：数据出租模式降低了买方的准入门槛，让更多潜在客户可以接触并使用这些数据。由于无须一次性支付高昂的购买费用，买方可以按需支付数据使用费用，这种灵活的支付方式对众多中小企业和研究机构颇具吸引力，从而拓宽了数据市场的覆盖范围。出租模式还促使供方能够依据不同的市场需求推出多样化的套餐和服务方案，以更好地满足客户的个性化需求。通过这种方式，数据供方能够迅速适应市场变化，拓展新的市场领域，提升其数据服务在市场中的影响力。

2. 买方的优势

降低成本：对于买方来说，数据出租模式的最大优势之一在于减轻了初期投入所带来的财务压力。买方无须一次性投入大量资金购买数据所有权，而是按需支付数据使用费用即可。这种模式尤其适合那些资金相对有限却又需要高质量数据的中小企业或短期项目，使其能够以相对较低的成本获取所需数据。在降低成本的同时，数据的使用也更具灵活性，买方可以根据业务需要灵活地调整数据获取的规模和频率，从而实现资金的高效利用。

灵活性高：数据出租模式具备高度灵活性，买方可以根据实际需求选定数据的使用期限和服务级别。买方既可选择短期租用数据以满足临时项目需求，也可长期订阅以便获取持续的数据更新。对部分需要快速响应市场变化的企业来说，这种灵活性至关重要。例如，市场营销公司在特定活动期间可能需要大量数据来开展用户行为分析，而在活动结束后，对这些数据的需求量会显著减少。通过数据出租模式，买方可以灵活调整数据获取策略，最大限度地贴合业务需求。

技术支持：数据出租通常附带技术支持和服务保障，以确保买方在使用数据时能够获得稳定性和可靠性。这种技术支持不仅包括数据访问过程中的技术难题解决，还包括数据使用的培训和咨询服务，助力买方更好地理解和应用数据。数据供方能够为买方提供专门的 API（接口）文档、技术支持热线，以及数据应用的最佳实践指南等，确保买方能够高效地利用所租用的数据。这种技术支持提升了数据的使用效果，优化了买方的用户体验，从而进一步推动数据出租模式的普及和应用。

（四）注意事项

1. 合规性和安全性

在数据出租模式中，合规性和安全性是必须高度重视的问题。数据供方需要建立完善的权限管理和监控体系，以确保数据仅在授权范围内被使用，防止买方出现超范围使用或数据泄露等情形。相关管理措施，包括对数据访问权限的精细把控，例如采用用户身份认证、多重访问控制手段以及使用水印技术为数据添加标识。通过这些手段，能够追踪数据的使用轨迹并及时发现异常状况，从而有效防范潜在的违规使用行为。

然而，合规性和安全性管理也带来了额外的复杂性和成本投入。供方必须持续监测数据的使用情况，确保所有数据操作均符合合同和法律要求，尤其是在涉及个人隐私数据时更是如此。例如，要满足 GDPR 等国际数据保护法规的要求，不仅需要健全的数据加密和匿名化措施，还需要对买方的使用情况展开持续的审查和记录工作。供方必须投入额外的人力和技术资源来构建这些机制，这无疑加大了管理的难度和成本负担。

2. 合同管理复杂

在数据出租模式下，合同管理是一项极为复杂的事务。鉴于数据使用具备灵活性和多样性的特点，合同需要清晰界定数据的使用条款、各方的责任划分以及违约处理方式。合同中必须详细说明买方对数据的使用范围、使用目的以及使用时限，明令禁止任何超出授权范围的行为。此外，还需要制定严格的违约条款，以应对数据被滥用或发生泄露的情况。

合同谈判过程通常也较为复杂，尤其在涉及敏感数据或高价值数据时，供需双方对数据的使用范围和责任划分可能有不同的预期，往往需要反复磋商才能达成一致。另外，合同的执行和管理同样具有挑战性，供方必须确保合同中的各项条款均得到严格遵循，并在发生争议时有确切的处理依据。因此，数据出租模式的合同管理需要专业的法律支持和持续的监控，供方需要投入更多资源以维护合同的有效性和执行。

3. 市场淘汰机制

在数据出租市场中，供方面临着较大的淘汰压力。为维持竞争优势，供方需要不断提升数据质量和服务水平。供方需要确保数据的及时性、准确性和完整性，以此保障其数据在市场中具有竞争力。同时，供方还需要不断更新数据内容，提供更频繁的数据更新频次与更优质的技术支持，以满足客户日益增长的需求。

数据出租市场的淘汰现象不仅取决于数据本身的质量，还体现在增值服务上。供方需要为客户提供差异化服务，如数据分析工具、可视化平台以及专家咨询等，以此增强客户体验，提高服务附加值。此外，市场中的新进入者可能会采用价格战等策略来吸引客户，这进一步加剧了市场竞争的激烈程度。供方必须借助创新的商业模式和高质量的客户服务来应对这种淘汰压力，从而在数据出租市场中立于不败之地。

（五）案例展示

1. 金融数据服务商

如万得资讯（Wind）、彭博社（Bloomberg）等通过出租实时金融数据和资讯，向银行、投资机构和对冲基金等客户提供订阅服务，以此助力其交易和投资决策。这些公司所提供的服务不仅包括股票行情、外汇报价，还涵盖了宏观经济数据、行业研究报告等内容，为金融行业从业者提供了全方位的信息支撑。鉴于金融数据的实时性和准确性对投资决策至关重要，万得资讯和彭博社通过稳定的订阅模式，为客户提供了及时且可靠的数据资源。

具体来说，万得资讯为国内金融机构提供了丰富的数据产品，涵盖股票、基金、债券等市场的实时动态数据以及宏观经济分析成果。这些数据借助 API（接口）出租给客户，客户获取所需数据，并根据调用频率或数据量来付费。这种灵活的租赁模式使得客户可以根据市场情况和业务需求对数据使用量进行调整，进而优化投资决策过程。而彭博社则在国际市场上占据重要地位，其数据服务覆盖全球金融市场，包括各国的股票、外汇、商品期货等实时数据，同时还提供专家分析和市场预测，以帮助客户更妥善地应对复杂多变的金融环境。

在这些金融数据出租服务中，订阅模式被广泛运用，客户能够按月、按季或按年进行订阅，获取全方位数据支持以及定期更新的分析报告。例如，一些大型投资机构会长期订阅彭博终端（Bloomberg Terminal），借助该终端来获取涵盖各个市场的实时数据和新闻资讯。彭博终端还集成了功能强大的数据分析工具，帮助客户实时追踪市场动态、开展技术分析并模拟投资策略。金融数据服务商通过这种租赁模式，不仅为客户提供了极具价值的市场信息，还通过增值服务增强了客户对平台的依赖性。

2. 地理空间数据供应商

高德地图（Amap）、百度地图（Baidu Maps）等国内企业，以及国外的Esri、Mapbox等，将地理空间数据和地图服务以API形式出租，客户按使用量或订阅期限付费，应用于导航、物流、房地产等领域。例如，高德地图的API被广泛应用于各类出行平台和物流管理系统，助力企业进行路线优化和位置服务的集成。地理空间数据对于导航和物流等行业而言尤为重要，这些公司通过出租地图和地理数据，帮助客户在短时间内获取准确的位置服务，显著提升了业务运营效率。

高德地图在国内的物流、外卖等行业中有着广泛应用。例如，一些物流公司通过租用高德地图的地理空间数据，能够实时获取交通状况和道路信息，以便在配送过程中选择最优路线，降低物流成本并缩短运输时间。同样，百度地图的API服务也被众多企业所采用，其不仅在导航领域表现突出，还被用于剖析消费者的出行习惯，以支撑精准营销和选址决策。一些房地产公司通过租用百度地图的数据来分析目标区域的人流密度和交通情况，从而制定出更为科学的选址决策。

在国外，Esri的地理信息系统（GIS）解决方案被广泛应用于城市规划、环境监测和应急管理等领域。通过API出租的形式，Esri为客户提供了灵活多样的服务，客户可以依据自身需求租用特定的地图图层和地理数据，并运用这些数据开展空间分析和可视化展示。例如，市政规划部门借助Esri的数据服务对城市绿地覆盖率进行评估并建设规划，从而优化城市环境。Mapbox则主要为互联网公司和移动应用提供高精度的地图服务，客户可以按流量租用地图服务，用于导航和位置跟踪等。

3. 社交媒体数据提供商

数据公司如清博数据（Qingbo）、TalkingData，以及国外的NetBase等，专注于社交媒体数据的收集和整理工作，将社交媒体平台的公开数据经处理后以订阅形式出租给市场营销公司、研究机构，用于舆情监测与消费者行为分析。清博数据通过解析微博、微信等社交平台的公开数据，为企业提供舆情报告，协助它们及时洞悉消费者的反馈和市场趋势。TalkingData则借助数据出租模式，为企业提供基于用户行为的精准市场分析，助力广告投放和产品开发的策略制定。

清博数据的服务广泛应用于品牌管理和政府舆情监测，通过出租社交媒体数据，客户能够实时监控网络上的舆情动态，并针对热点事件迅速做出反应。品牌方可以通过租用清博的数据来跟踪社交媒体上关于其产品的讨论，从而调整营销策略，提升品牌形象和客户满意度。对于政府部门来说，这些数据有助于其掌握社会热点问题，并及时制定相应的应对措施，以提高社会管理的效率。

TalkingData 则通过对用户行为数据的深度分析，为广告公司和移动应用开发者提供精准的用户画像和行为分析。通过租用数据，广告公司能够更精准地对用户进行分群，制定高效的广告投放策略，从而提升广告的转化率。NetBase 则专注于分析国外社交媒体平台的数据，例如 Twitter 和 Facebook，通过情感分析和舆情监测，帮助客户了解公众情绪并进行品牌危机管理。这些社交媒体数据的出租模式，使得客户能够以较低的成本快速获取具有商业价值的社交数据，从而在竞争激烈的市场中占得先机。

这些案例展示了数据出租模式在各个行业中的应用，通过灵活的订阅和租赁服务，不同领域的企业能够以经济高效的方式获取所需数据，进而为其业务运营和战略决策提供有力支持。无论是在金融市场、地理空间应用领域，还是在社交媒体分析方面，数据出租模式均为客户提供了关键支持，使他们能够更有效地利用数据资源，实现业务增长和创新。

通过数据出租模式，供需双方得以在互惠互利的基础上，实现数据价值的最大化。供方得以维持对数据的控制权，切实保护核心资产；买方则能以更灵活、经济的方式获取所需的数据资源，为业务发展和创新提供有力支撑。这种模式在实时性要求较高、数据价值显著的领域尤为适用，已然成为数据交易市场中极为重要的商业模式之一。

二、数据互换模式

数据互换模式是指供需双方通过互相交换数据实现资源共享的交易形式。此模式通常不涉及直接货币交易，而是以数据的价值增量为收益来源。通过共享资源，数据互换模式能有效推动合作企业之间的协同创新和效率提升，广泛应用于多个行业场景。

数据互换模式基于互惠原则，通过供需双方交换特定数据资源来实现共同收益。

互换形式：数据互换通常以对等交换为基础，双方提供等量或等价值的数据。例如，一家零售公司提供消费者购买数据，换取物流公司提供的运输时效数据。

合作约定：数据互换协议明确数据的类型、范围、使用目的和保密条款，确保双方在合法合规的框架下进行合作。

（一）收益模式

1. 提升数据价值

数据互换的首要收益是提升数据的整体价值。通过交换数据，双方能够获得原本不具备的数据资源，从而提升数据的多样性并拓展其深度，使数据的商业价值得以最大化。一家零售企业可能拥有丰富的销售数据，但缺乏消费者的金融行为信息，通过与银行交换数据，零售企业可以更好地了解客户的财务能力，从而制定更加有效的营销策略。由此可见，数据互换能够填补企业原有的数据盲区，增强其数据的全面性和利用价值。

数据互换还能够让企业在没有直接资金投入的情况下获得高质量的数据，这对数据资源有限的中小企业尤为重要。通过利用合作伙伴的数据，企业可以节约数据的购买成本，同时获得对市场和用户的更全面了解，从而在竞争中获得更大的优势。

2. 数据补充与优化

数据补充与优化是数据互换的重要收益之一。企业通过与其他组织交换数据，可以用外部数据来补充或校正自有数据，从而提高数据的准确性和完整性。例如，制造企业可以通过与供应商交换数据，获得供应链上游的生产计划和物流信息，从而帮助企业优化生产排程和库存管理。通过互换获得的数据，企业可以对原有的数据进行交叉验证，从而剔除错误信息，确保数据的高质量。

通过数据补充，企业能够建立更加全面的用户画像，提升数据的使用效果。例如，一家电商平台可以通过与物流公司交换数据，获得用户的配送偏好和历史物流记录，从而优化配送服务，提升用户满意度。数据补充与优化的过程，也使企业的数据资产在质量和广度上得到了显著提升，这种优化的数据资源能够为后续的分析和建模提供更好的基础，提高预测的准确性和决策的科学性。

同时，数据补充还可以帮助企业发现原有数据中的潜在问题。企业在与合作伙伴交换数据后，可能会发现自己数据中的偏差或遗漏，从而采取措施进行修正。这种基于互换的数据补充机制，使得企业的数据管理过程变得更加动态和灵活，能够及时应对数据质量问题，并保持数据的一致性和准确性。

3. 互惠协同

数据互换的另一个显著收益是互惠协同效应。通过合作，数据交换的双方可以在数据分析与市场预测方面产生协同效应，共同从数据中获得更大的收益。例如，电信公司和互联网服务提供商可以通过数据互换，共同建立用户的全面画像，电信公司提供用户的通话记录和地理位置数据，互联网公司提供用户的在线行为和兴趣数据。通过整合这些数据，双方可以获得更深入的用户行为模式，从而开发更加个性化的产品和服务。

互惠协同还体现在市场分析和预测方面。不同企业在同一市场中可能有各自的优势数据，通过交换数据，双方可以获得市场的更全面视角。例如，通过互换数据，制造商提供车辆使用数据，保险公司提供事故和理赔数据，双方可以利用这些数据进行车辆安全性分析，从而改进汽车设计或优化保险定价策略。这种协同效应使得数据的价值在交换过程中得以成倍放大，从而为合作双方带来更大的商业利益。

通过长期的数据互换，企业之间还能够形成稳定的合作关系，构建起数据生态中的长期互助网络。这种互惠关系不仅体现在数据资源的共享上，还体现在对技术、市场和行业趋势的共同研究上。通过长期的协同合作，企业可以共同应对市场变化，提高整体的竞争力和创新能力。同时，互惠协同使得数据互换的价值不再局限于短期的业务需求，而是拓展到长期的战略合作与发展，共同推动行业的进步和数据生态的完善。

（二）适用场景

1. 相似市场领域的合作

在相似市场领域中，互为竞争对手的公司往往对行业的整体动态和趋势有着共同需求。然而，由于数据的敏感性，它们不可能直接共享核心的竞争数据。因此，数据互换模式可成为一种有效的解决方案，用于交换非敏感但具有重要价值的数据。通过交换市场平均水平、消费者行为趋势等数据，企业能够更好地了解市场的整体动态，从而优化战略决策。

在快消品行业中，不同品牌之间可以交换非敏感的销售数据和消费者反馈信息，以了解整个行业的市场变化和产品的普遍接受度。这种数据交换可以帮助各品牌了解自身在行业中的表现，对比市场平均水平，识别改进机会和潜在的市场风险。通过对非敏感数据的交换，这些公司可以共同提升对市场趋势的感知力，从而更好地调整市场定位和推广策略，增强竞争力。

另一个例子是航空公司之间的数据互换。不同航空公司可以交换航班准点率、客户满意度等非敏感数据，从而提升整体服务水平。虽然它们之间存在竞争，但通过交换数据，它们可以了解哪些措施最能改善客户体验，并共同推动行业的服务质量提升。

2. 供应链与合作伙伴的数据共享

数据互换在供应链管理中具有广泛应用，特别是在制造商与供应商之间的数据共享方面。数据互换能有效提高供应链的透明度和效率。通过交换生产计划、库存水平、物流状态等信息，供应链上下游的合作伙伴可以对市场需求和供给进行更好的预测和规划，从而减少库存积压和生产延误，提升整体运营效率。

某汽车制造商与其零部件供应商之间通过数据互换实现了供应链透明化。制造商将其生产计划和未来的零部件需求告知供应商，而供应商则提供关于库存情况和生产能力的数据，以确保准时供货。通过这样的数据互换，供应链各方不仅提高了信息的对称性，还能够根据生产需求灵活调整资源配置，减少不必要的库存持有成本和资源浪费。

另外，物流公司与制造企业之间的数据互换也非常重要。一家制造企业可以与其物流服务提供商交换关于货物配送的实时数据，这些数据包括货物的当前位置、预计到达时间、运输环境等信息。通过这些数据互换，制造企业能够优化物流流程，提高供货的准确性和及时性，同时降低运输和管理成本。这种数据互换在供应链管理中的应用，使得各方可以更加高效地响应市场变化，提高整体供应链的弹性和可靠性。

3. 跨行业数据共享

跨行业的数据互换能够为参与方带来更加丰富的市场和用户行为体验。不同行业的公司通过交换各自的数据，可以在市场分析、客户行为和产品创新等方面产生更强的协同效应。例如，零售商与银行之间的数据交换使双方共同绘制出更加完整的用户画像，从而为各自的业务提供更有力的支持。

具体来说，零售商可以通过与银行交换数据，了解消费者的金融行为模式，比如消费能力、支付习惯等信息。这些数据结合零售商自身的销售记录，可以帮助其进行更精准的客户细分，设计更具针对性的促销活动和营销策略。对银行而言，通过获取零售商的数据，可以更好地了解客户的消费行为，从而对客户的信用状况进行评估，优化信用卡和贷款产品的推广策略。

另一个跨行业数据互换的例子是通信公司和保险公司之间的合作。通信公司可以提供用户的地理位置、通话频率等数据，保险公司则可以提供客户的保险购买记录和索赔历史数据。通过这样的数据交换，通信公司可以利用保险公司的数据来识别高价值客户，并针对这些客户设计个性化的通信套餐。而保险公司则可以利用通信公司的数据更好地进行风险评估，开发新的保险产品，或者提供更有针对性的保险方案。

跨行业的数据共享还能在智能城市的建设中发挥重要作用。例如，交通管理部门可以与互联网出行平台共享交通流量数据，而这些平台则可以提供用户的出行习惯和需求数据。通过互换数据，城市管理者能够更好地进行交通流量的预测和控制，而出行平台也能够优化其服务，提供更加符合用户需求的出行方案。这种跨行业的协同合作，不仅提升了各方的业务效果，还为社会创造了更高的整体价值。

（三）优势

1. 供方的优势

获取互补性数据：供方在数据互换模式中，能够通过与其他方交换数据，获得自身原本所没有的互补性数据。这些互补数据能极大地拓展企业数据资源的深度与广度，助力企业构建更为全面、丰富的数据库。

例如，一家零售企业虽拥有大量的销售数据，但对消费者金融行为缺乏了解，而通过与银行互换数据，该零售企业便可获取消费者的信用及支付能力信息，进而帮助其更细致地进行客户细分和营销策略制定。借助获取互补性数据，企业能更好地把握市场动态，从而提升自身竞争力。

降低成本：相较于直接购买数据，数据互换模式能够显著降低企业的数据获取成本。数据购买通常需要支付高昂费用，而数据互换模式只需要利用现有的数据资源进行交换，从而减少现金流支出。这种成本降低方式尤其适合资金有限的中小企业，通过数据互换，它们能够以低成本获取高价值的数据资源，从而在竞争激烈的市场中占据一席之地。此外，数据互换还可使企业避免在数据不确定性时进行高额投入，从而降低财务风险。

市场竞争力提升：数据互换模式有助于供方获取更为丰富的数据资源，这对提升其在市场中的竞争力至关重要。通过数据互换，企业能够获得更全面的市场信息和客户需求，这些信息对产品开发、市场定位以及服务改进均起到重要的支撑作用。以汽车制造行业为例，制造商通过与保险公司的数据交换，可获得有关事故和客户行为的详细数据，从而据此改进产品设计，提升汽车的安全性。这种数据互换不仅使企业能够优化其产品和服务，还能让其在市场中占据更多主动权，获得信息优势。

2. 买方的优势

数据获取的多样性：数据互换模式可使买方获得更为多样化的数据资源，涵盖不同类型和维度的数据。这种数据多样性对于企业的分析工作意义重大，因为不同的数据维度能够提供不同的视角，助力企业进行全面的分析和预测。例如，某电信公司通过与互联网公司交换数据，不仅能获取用户的地理位置数据，还能得到用户的在线行为数据，从而构建出更为全面的用户画像。这种多样性的数据获取模式使企业的决策过程更具科学性和准确性，进而提升其市场竞争力。

无现金支出：数据互换的一个显著优点是无须直接支付现金，这使得数据获取更为经济，尤其适用资金有限的企业。对于一些初创公司或中小企业而言，直接购买数据可能面临较大的资金压力，而数据互换则提供了一个低成本的替代方案，使这些企业能够利用自身的数据资产换取所需的数据资源。在不增加现金流负担的情况下，企业可获取高质量的数据，从而增强自身的业务能力和市场应对能力。

合作加强：数据互换不仅是数据资源的交换，更是企业间合作关系的深化。通过互换数据，合作方之间的联系得以加强，有助于形成更加紧密的战略合作伙伴关系。例如，制造企业与供应商通过数据互换实现了生产计划和物流的同步，这种紧密的数据合作使双方在业务运营中建立了更高的信任度和协作效率。长期的数据互换合作能够使各方在技术、市场和管理上相互支持，形成共赢局面，进而提高整个产业链的竞争力。

此外，通过数据互换，企业还能逐渐从数据交换迈向更深入的合作，如共同开展市场研究、产品开发或新技术应用的探索等。这种由数据互换引发的合作加强，不仅有助于双方共享资源、降低成本，还能推动企业间在多个层面的共同发展，从而构建更稳固的商业生态体系。

（四）注意事项

1. 数据公平性评估

在数据互换模式中，确保双方所提供的数据在质量、规模以及价值上具有对等性是至关重要的。数据的公平性直接关乎合作的稳定性和持续性，倘若一方提供的数据在质量或价值上远低于另一方，便可能引发不平等感，进而导致合作中断。所以，在互换数据之前，双方应当对各自的数据展开详细评估，确保数据在规模、完整性、时效性等方面达到统一标准。例如，零售企业与银行在进行数据互换时，双方需共同制定数据评估标准，以确保所交换的数据具备相近的商业价值，进而实现互利共赢。

此外，数据公平性评估还需借助专业的第三方评估工具或顾问，以此提高评估的客观性和准确性。这些工具可以帮助双方分析数据的结构、精度及其适用性，确保互换的数据能有效满足双方需求，防止因数据不匹配而影响合作效果。公平性评估不仅在数据互换的初始阶段极为重要，在合作过程中也需定期开展，以适应数据变化和调整需求。

2. 数据合规性

数据互换涉及大量的个人信息和敏感数据，因此数据合规性必须得到严格遵守。各个国家和地区针对个人隐私保护的法律法规，如欧盟的

GDPR，对数据的收集、存储、使用以及共享都有明确要求，企业在进行数据互换时，务必确保所有的数据处理流程都符合法律规定。具体来说，企业需要对包含个人信息的数据进行脱敏处理，去除或加密可能致使个人身份泄露的敏感字段，从而确保数据交换过程的安全性。

并且，企业还应依据所在地区的相关法规，明确数据使用的边界和目的。在跨国公司进行数据互换时，需确保双方的数据传输符合不同国家的法律要求，特别是涉及跨境数据传输的情况下，必须获得相关政府部门的批准。在制定数据互换协议时，合规性条款务必清晰明确，以确保在出现违规情况时，双方的责任分工和应对措施具有法律依据。

3. 技术兼容性

数据互换的实现通常需要克服技术方面的兼容性挑战，特别是在双方使用不同的数据格式、系统以及技术架构时。数据格式可能存在显著差异，例如，一家公司采用结构化的 SQL 数据库，而另一家公司则可能使用非结构化的 NoSQL 系统。这些技术差异会给数据互换增添额外的复杂性，双方需要在技术上进行相应的调整和转换，以确保数据能在不同的系统中顺利传输和使用。

为了解决技术兼容性问题，双方可以引入标准化的数据格式或采用中间件来实现数据的转换和集成。例如，使用通用的 API（接口）进行数据的访问和交换，或借助数据中台实现数据格式的标准化转换，从而使得不同系统之间的数据实现无缝衔接。此外，在数据互换的初始阶段，双方的技术团队需要共同制定技术规范，明确数据的格式、传输方式和集成流程，以保障数据互换能够顺利进行。

4. 保密性保障

在数据互换过程中，保密性是双方最为关注的要点之一。数据中可能涉及商业敏感信息，例如客户的交易数据、企业的核心业务数据等，一旦泄露，将会对企业的商业利益构成严重威胁。因此，双方必须在数据互换之前签订严格的保密协议，明确各自对于数据保密的责任和义务。保密协议应规定数据的使用范围、访问权限以及合作结束后的数据处理方式，确保数据在任何情况下都不会被滥用。

同时，为了保障数据的安全性，双方应采取多层次的保密措施。具体包括：限制数据的访问权限，仅允许经过授权的人员接触互换的数据；

采用数据加密技术，在数据传输和存储过程中对敏感信息进行加密处理；定期开展安全审计，检查数据访问和使用的合规性，确保保密措施得到有效执行。对于涉及特别敏感数据的互换，企业还可引入第三方独立的安全评估机构，对数据互换过程中的保密措施进行评估，以最大限度地减少数据泄露的风险。

（五）案例展示

1. 供应链数据互换：上汽集团与博世供应链合作

上汽集团是中国最大的汽车制造商之一，其生产过程依赖多家零部件供应商提供组件，其中，博世（BOSCH）是其主要合作伙伴之一。为进一步提升生产效率、优化库存管理，上汽集团与博世公司开展了数据互换合作。通过交换生产计划、库存信息以及物流数据，双方实现了供应链的高效协作。

在具体合作中，上汽集团将未来的生产计划和生产排期与博世共享，包括生产不同车型所需的零部件数量、预计生产日期以及优先级等信息；博世则通过共享自身的库存数据和生产能力信息，帮助上汽集团更好地了解零部件的可用性。这种透明的数据交换机制使博世能够根据上汽集团的生产计划合理安排零部件生产，确保准时交货，降低生产延误的风险。

此外，物流数据的共享也是双方合作的重要内容之一。博世的物流团队将零部件的运输状态、预计到达时间等信息实时共享给上汽集团，使上汽集团可以提前做好生产准备，避免因零部件未按时到达而导致停产或延误。通过这种高效的数据互换机制，上汽集团大幅降低了库存水平，减少了资金占用，同时提高了生产灵活性。博世则因为准确掌握了上汽集团的需求计划，优化了自身的生产调度，降低了生产过剩和库存积压的风险。

这一数据互换案例有效地展示了供应链合作中数据共享的价值。在这种合作中，双方通过数据互换建立了更紧密的业务联系，不仅提升了整个供应链的透明度，还实现了对市场需求的快速响应。这种模式为汽车制造行业的其他企业提供了借鉴，证明了通过数据互换可实现供应链的整体优化，进而提高行业的竞争力和服务水平。

2. 零售与银行的数据互换：京东与中国银行的数据合作

京东作为中国最大的电商平台之一，与中国银行开展了数据互换合作，目的在于优化客户体验和提高业务运营的精准性。京东共享其平台上的消费者购买行为数据，中国银行则提供消费者的信用数据和金融行为信息，这种数据交换为双方业务的拓展带来了显著收益。

一方面，京东将其平台上积累的详细消费记录，包括用户的购买频率、消费金额、购物偏好等信息与中国银行进行数据交换。通过这些数据，中国银行能够更全面地评估客户的信用状况，为不同客户量身定制贷款和信用卡产品。例如，银行通过分析客户在京东平台的高频消费记录和稳定的支付行为，可快速评估客户信用，缩短审批周期，提高金融服务效率。

另一方面，中国银行通过共享其客户的信用数据，使京东能够更好地了解消费者的支付能力和信用级别。京东利用这些数据，可对消费者进行更精细化的划分，并针对不同信用级别的客户推出个性化的促销策略。例如，对于信用记录良好的客户，京东可提供更高额度的消费分期服务或特别的折扣优惠，从而提升客户的购买意愿和忠诚度。

这一数据互换合作还助力双方在风险控制和客户体验方面取得进展。通过对客户的金融行为和购物行为进行联合分析，双方能够识别潜在的信用风险，从而在风险控制方面做出更加准确的判断。同时，客户也能在京东平台上获得更便捷的金融服务体验，如更快的贷款审批、更灵活的支付选择等。

京东与中国银行的数据互换合作展示了跨行业数据共享的巨大潜力。通过数据互换，双方在各自业务领域内实现了服务优化和风险降低，同时为用户提供了更为个性化和更便捷的服务体验。这种跨行业的数据合作为其他领域的企业提供了借鉴，证明了数据互换能够突破行业界限，带来更广泛的商业价值和客户满意度的提升。

3. 跨行业合作的数据互换：腾讯与中国平安的数据共享合作

腾讯作为中国领先的科技公司，与中国平安在用户数据分析和产品开发方面展开了数据共享合作。通过双方的数据互换，腾讯共享其平台上的社交和用户行为数据，而中国平安则提供保险产品的购买记录和风险评估数据。这种合作为双方带来了显著的商业效益和用户体验提升。

在合作过程中，腾讯通过微信、QQ 等社交平台积累了大量用户的社交网络、兴趣偏好、消费行为等数据。这些数据经过脱敏处理后，被用于与中国平安的数据互换。中国平安则提供其积累的保险客户信息，包括客户的投保历史、理赔记录和风险偏好等。这些数据通过安全的方式进行互换，使双方能够联合开展更深入的用户行为分析。

腾讯通过引入中国平安的保险数据，为其平台用户提供更为精准的保险产品推荐。根据用户的社交活动、生活习惯以及所在社群等信息，腾讯可以推测出用户可能的风险需求，进而向其推送个性化的保险产品和健康管理服务。这种精准的产品推荐显著提高了用户的购买转化率，也提升了保险产品的渗透率。

而中国平安则利用腾讯的数据，优化了自身风险评估模型。中国平安通过分析用户在社交平台上的行为模式和网络互动情况，可以更好地了解客户的风险态度和财务能力，从而为客户提供更灵活的保险方案。例如，中国平安通过分析某些用户群体的社交活动频率、地点签到等数据，预测客户的潜在风险，并设计出差异化的保险产品以满足不同客户的需求。这种精细化的风险评估方式不仅降低了保单的理赔风险，还提高了客户的满意度。

这一跨行业的数据互换合作还体现在双方联合开发的新产品上。基于腾讯的大数据分析能力和中国平安在保险行业的深厚积累，双方共同推出了“智慧保险”产品。这种产品结合了社交平台上的用户行为数据与保险公司的风险管理技术，能够动态调整保费和保障范围，使客户在不同的生活阶段和财务状况下都能享受到最适合的保险服务。

腾讯与中国平安的数据互换合作展示了跨行业数据共享的巨大潜力，通过互换数据，双方不仅在各自的业务领域内取得了长足进展，还为用户提供了更加个性化和智能化的产品体验。这种跨行业的数据共享合作为科技公司和传统金融机构的合作树立了范例，证明了数据互换能够突破行业界限，推动商业模式的创新和客户体验的升级。

数据互换模式通过共享数据价值而非直接获取货币收益，为供需双方提供了一条共赢的合作途径。在资源共享、协同优化和创新应用方面，这一模式展现出强大的灵活性和潜力，尤其适用于已有合作关系的企业或行业联盟。

三、平台交易模式

平台交易模式是指通过搭建数据交易平台，撮合数据供需双方，提供数据交易服务、定价支持和合规保障的商业模式。这个平台旨在构建一个高效、安全、标准化的交易环境，让数据资源在更大范围内流通，同时为平台运营方带来稳定的收益。

（一）收益模式

1. 平台运营方的收益

交易佣金：平台交易模式的核心收益之一来自每笔交易的佣金收入。通常，平台会根据交易金额收取一定比例的佣金，如每笔交易金额的 5% ~ 10%。这种佣金模式有助于形成良性循环，即通过降低交易门槛来促进更多交易的发生，进而在数量积累中获得稳定收益。对于平台运营方而言，佣金收入的稳定性取决于交易的规模和频率，因此，平台致力于不断吸引更多的数据供方和需求方参与交易，以实现更高的交易量和盈利水平。

通过这种佣金模式，平台不仅能够获取直接的经济回报，还能通过对交易数据的监控，积累更多市场动态信息，从而更好地把握市场趋势，调整平台运营策略，以吸引更多客户参与。同时，这种收费方式促使平台更注重提升服务质量和用户体验，以保障供需双方能够顺利完成交易，并提高交易频次和客户满意度。

增值服务费：平台除了通过交易佣金盈利，还可以通过提供增值服务获取额外收入。这些增值服务涵盖数据定价建议、合规审查、数据质量验证以及交易咨询等。数据供方能够付费获取平台提供的数据价值评估报告，以便更好地确定数据的市场价值。买方则可付费购买平台提供的合规性审计服务，以确保所购买的数据符合相应法律法规，降低使用过程中的合规风险。

这些增值服务不仅为平台运营方增添了额外收入，还提升了平台的专业性和可靠性，使平台能够在数据市场中树立权威形象。借助增值服务，平台能够协助供需双方解决数据交易中的关键问题，如数据质量问题、合规性问题等，进而提高数据交易的成功率和满意度，进一步推动数据市场的健康发展。

会员订阅：针对高频使用平台的用户，平台可推出会员订阅服务，以此获得持续的收入来源。会员服务通常包括数据资源的专属推荐、交易折扣、优先技术支持等特权。会员用户通过支付月费或年费，能够享受比普通用户更多的优惠和更高效的服务，例如更低的佣金比例、更快速的数据审核通道等。

会员订阅服务不仅为平台带来了稳定的收入流，也助力平台培养了一批忠实的用户群体。这些用户群体的高频交易行为有助于维持平台的活跃度，并在用户之间形成积极的口碑传播，吸引更多潜在客户成为会员。此外，通过提供差异化服务，平台能够对不同用户群体进行有效的市场细分，以提供更加精准和个性化的服务。

广告收入：广告收入也是平台运营方的重要收益来源之一。平台可以通过展示广告、推荐服务等途径获取额外收入。数据供方可以付费提升其数据集在平台上的可见性，使其在搜索结果中排名靠前，从而增加被需求方选择的可能性。并且，平台还可为数据供方提供定制化的广告展示服务，助力其更好地推广自身的数据资源，扩大销售机会。

通过广告收入，平台不但能够增加收益，还可以为数据供方和需求方提供更多的推广手段。这种双赢模式使平台能够更好地服务用户，同时也增强了数据供方对平台的依赖性和满意度。广告服务的成功与否直接关系到平台用户的黏性和整体市场竞争力，因此平台需要不断优化广告策略，提升广告的精准度和有效性。

2. 数据供方的收益

数据销售收益：数据供方通过平台销售数据，能够实现其数据资产的直接变现。通过平台，数据供方可将企业内部积累的闲置数据转化为可产生收入的数据资产。平台为数据供方提供了一个公开、公平的交易场所，使其能够将数据出售给有需求的买方，从而实现数据的最大化利用。

数据销售收益的多少取决于数据的质量、独特性以及市场需求。比如，金融行业的实时市场数据、医疗行业的研究数据以及物流行业的实时监控数据等，均具有较高的市场价值，数据供方可通过平台与这些对数据有特定需求的买方达成交易，实现数据的商业化。

增值服务合作：数据供方还可通过与平台合作，利用平台提供的增值服务来提高数据的附加值，进而增加数据的销售价格。供方可选择平台提供的数据质量验证服务，以提升其数据的可信度和吸引力。经过验证的数据往往更受需求方青睐，从而能够以更高的价格出售。

数据供方还可利用平台提供的定价建议服务，更好地了解市场需求和数据的合理价格区间，避免因定价不合理而错失交易机会。通过增值服务，数据供方不仅可以提高数据的销售收入，还可以获得市场反馈，使其在未来的数据采集和处理过程中更加贴近市场需求。

3. 数据需求方的收益

数据的业务应用价值：数据需求方在平台上获取所需的数据资源，可以利用这些数据优化自身业务决策和产品开发。例如，零售企业可以通过获取消费者行为数据来分析消费趋势，制定更为精准的营销策略，进而提升销售业绩。金融机构可以利用平台上的市场数据来进行风险评估和投资决策，降低投资风险，提高投资回报。

数据业务的应用价值体现在企业通过有效利用数据，可获得更加深刻的市场和用户行为分析，从而在产品开发、客户管理以及市场推广等方面取得显著进展。经过标准化处理，在平台上获取的数据通常具有较高的可靠性和适用性，能直接为企业的业务应用提供支持。

节约数据采集成本：相比于自主采集和处理数据，数据需求方通过平台获取数据能够大大降低时间和资金投入。自主数据采集需要大量的人力、时间和技术支持，尤其是在需要长期监测或覆盖广泛区域的情况下，成本高昂且耗时长。而通过平台交易模式，数据需求方可以快速获得经过处理和验证的数据，节省了数据采集的复杂过程。

这种成本节约尤其适用于中小企业和创业公司，它们通常没有足够的资源和能力进行大规模的数据采集工作。通过平台获取数据，不仅可以降低资金压力，还能快速进入市场并应用数据进行业务决策，从而提升市场反应速度和竞争力。

降低数据风险：数据交易中的合规风险和质量风险一直是数据需求方关心的问题。通过平台，数据需求方可以利用平台提供的合规审查和质量认证服务，降低购买到劣质数据或非法数据的风险。作为第三方，平台为交易数据提供了必要的审核和认证，确保数据符合相关的法律法规和质量标准，减少了因数据问题导致的法律纠纷和业务损失。

此外，数据需求方还可以通过平台的评价系统了解供方的信誉和历史交易记录，从而做出更加明智的购买决策。平台提供的合规和质量保障服务不仅增强了数据需求方对平台的信任，也提高了交易的安全性和可靠性，使得数据需求方能够更加放心地进行数据采购。

（二）适用场景

1. 标准化数据的大规模交易

平台交易模式非常适合进行标准化程度高、应用广泛的大规模数据交易。标准化数据通常具有明确的结构和定义，能够被不同的企业轻松理解和应用，例如行业报告、市场数据、公共统计数据等。这些数据在多个行业中具有普遍的应用价值，可帮助企业了解行业现状、市场动态以及用户行为等，从而开展战略性决策。

金融机构可以通过平台购买全球股票、期货和外汇市场的实时交易数据，以辅助投资分析和决策。同样地，零售企业可以购买消费者行为报告和市场调研数据，以便更好地理解客户需求，制定更加精准的营销策略。平台通过提供这些标准化数据的交易渠道，大大提高了数据资源的利用率，促进了数据在不同行业间的流动和应用。

在大规模数据交易的场景下，平台为数据供需双方提供了全方位支持，包括数据的发布、搜索、匹配、交易和交付环节，使交易流程更加便捷、高效。平台通过数据的标准化和透明化，使得买方能够快速对比不同供方的数据资源，选择最符合需求的数据，从而大幅提升交易效率和市场透明度。

2. 行业垂直数据市场

平台交易模式在特定行业的数据需求中也有着广泛的应用，这种模式被称为行业垂直数据市场。特定行业的数据需求通常具有很强的针对性和专业性，交易的数据内容也往往具有独特的行业属性，例如医疗数据、金融数据、物流数据等。这些数据的交易需要具有高度的行业专业性，平台通过定制化服务来吸引目标用户，以满足这些行业的特定需求。

医疗数据平台汇集了大量的医疗研究数据、患者健康监测数据和临床试验数据，这些数据对于制药公司、医院和健康科技企业至关重要。制药公司可以利用这些数据来加速药物研发过程，医院可以用数据来改进医疗服务质量，而健康科技企业则可以利用这些数据来开发更加智能的健康监测设备和应用程序。

类似地，金融数据平台通过提供关于股票交易、利率变动、债券评级等信息的数据，服务于银行、证券公司、投资机构等。这些机构通过获取金融市场中的实时数据和历史数据，从而深入分析市场趋势，制定更为精准的投资策略。行业垂直数据市场通过聚焦特定行业的需求，不仅提升了数据的利用率，还帮助企业在竞争激烈的行业中获得更大的竞争优势。

3. 中小企业的数据交易

对于中小企业而言，平台交易模式的出现极大地降低了它们获取数据资源的门槛，使其能以更合理的成本获得所需的数据资源。中小企业通常缺乏足够的资金和技术能力去自主收集和处理数据，但在商业运营中又急需利用数据来提高决策的科学性和市场竞争力。平台通过提供标准化的数据交易流程，使得中小企业能在有限的预算内获取到高质量的数据。

举个例子，一家初创公司可能需要了解某一特定市场的消费者行为模式，但由于资金和技术资源的限制，它们无法自己去收集这些数据。通过平台交易模式，初创公司可以以较低的价格购买到由市场调研公司提供的消费者行为数据，从而在市场竞争中占据有利地位。并且，平台还可以为中小企业提供专门的增值服务，例如数据分析支持和市场咨询，以帮助它们更好地理解和应用所购买的数据。

中小企业通过平台交易模式进行数据采购，不仅可以快速获得有用的市场信息和行业报告，还能避免因为数据采集过程中的技术和法律问题而产生的风险和成本。平台提供的合规审查和质量保障服务，使得中小企业在数据使用过程中能够更加放心，可以把精力放在核心业务的创新和发展上。

（三）优势

1. 规模效应

平台交易模式通过标准化的交易流程，实现了数据资源的大规模流通，有效提升了市场的整体效率。标准化的交易流程包括数据发布、搜索、匹配、交易以及交付等环节，这些环节的标准化不仅降低了交易的复杂性，还让更多参与者能够便捷地进行数据买卖。规模效应的产生让更多的数据供需双方可以在同一个平台上进行交易，从而形成良性循环，以交易量的增长进一步吸引更多的供需方加入平台。

通过平台交易模式，金融数据市场能够集中全球范围内的金融市场数据，让银行、投资公司、基金等机构可以快速、便捷地获取所需数据。这种集中的交易模式不仅提升了数据的可得性，也通过规模效应降低了数据的整体交易成本。规模效应的实现使数据平台不仅能够服务于大型企业，还为中小企业提供了平等获取数据的机会，推动了整个行业的数据共享和市场活跃度。

2. 降低交易成本

平台交易模式通过撮合交易和简化流程，有效降低了供需双方的沟通和操作成本。传统的数据交易通常涉及复杂的谈判过程、合同订立以及数据的传输等，平台通过提供标准化的合同模板、智能匹配算法和自动支付系统，使得交易流程大大简化，从而降低了人工干预和交易成本。

通过平台交易模式，数据供方可以在平台上发布数据的描述内容和价格信息，而数据需求方则可以通过搜索引擎快速找到符合条件的数据集。在这种模式下，双方无须进行多轮的谈判和价格协商，平台就能通过智能定价工具和交易撮合功能，帮助供需双方快速达成交易。而且平台提供的支付通道和自动化合同服务，也使得交易过程更加高效和安全，从而进一步降低交易双方的成本。

降低交易成本的另一大体现是平台对合规性的管理，通过平台提供的合规审查和质量认证服务，数据供需双方可以避免独自承担审查成本和法律风险，从而使整个交易过程更便捷、更经济。

3. 提升数据透明性

数据平台通过公开数据描述和价格信息，大大提升了数据交易的透明性，使得买方能够轻松对比不同供方的资源，做出最符合自身需求的选择。在传统的数据交易中，数据的描述和价格通常是模糊且不透明的，这导致买方在选择数据时面临较大的不确定性和风险。而平台交易模式通过对数据资源进行标准化描述，并提供详细的价格信息，使数据的质量、来源和价格都变得透明可见。

这种透明性使数据需求方能够在购买之前对不同的数据集进行深入了解，包括数据结构、采集方式、适用场景等信息，从而降低购买风险。对于数据供方而言，透明化的描述和公开的价格体系也会帮助他们更好地推广和销售自己的数据资源。通过提升数据的透明性，平台不仅能促进交易的达成，还能提高交易双方的信任度，从而进一步促进数据市场的健康发展。

4. 促进合规交易

数据交易涉及大量的隐私保护和法律合规问题，平台交易模式通过提供隐私保护措施、合规审计服务以及标准化合同模板，有效地减少了数据交易的法律风险。平台在数据发布和交易过程中引入隐私计算、数据加密和区块链等技术手段，确保数据的传输和使用过程符合相关的法律法规，从而保护数据供需双方的合法权益。

在涉及个人数据的交易中，平台可以提供数据脱敏服务，确保个人敏感信息不会在交易过程中被泄露。同时，平台提供的合规审计服务可以对供方数据进行全面检查，确保数据的合法来源和合规使用，从而使需求方在使用这些数据时能够放心合规。此外，平台提供的标准化合同模板明确规定了数据的使用范围、责任划分和违约处理等内容，减少了由于合同不清晰导致的法律纠纷。

通过这些合规性保障措施，平台不仅降低了数据供需双方的法律风险，还为整个数据市场的规范化运作提供了重要支持。合规交易的推广使得数据市场得以在合法的框架下健康发展，增强了参与者的信心，也进一步推动了数据资源的流通和商业化应用。

（四）注意事项

1. 数据定价难题

数据交易中的定价问题是一个长期存在的挑战，需要对数据的价值进行合理评估，以确保价格对供需双方公平合理。数据的价值通常受多种因素影响，例如数据的来源、稀缺性、准确性、时效性以及其对买方业务的潜在价值。由于数据具有非标准化、动态变化的特性，如何对数据进行科学合理的定价成为平台面临的重要难题。

平台需要引入专业的定价模型和评估工具，结合市场行情、历史交易数据以及供需关系来给出价格建议，以此确保定价的透明性和公平性。平台可以基于数据的使用频次、覆盖范围和独特性等因素，对数据进行分层定价。而且，供需双方也可以通过平台竞价机制来确定最终价格，以便更好地反映市场的真实需求。这种透明化的定价机制有助于提高双方的交易意愿，避免因价格不公平而导致交易中断。

2. 数据质量保障

数据质量是数据交易成败的关键因素之一。平台需要建立严格的数据质量审核机制，以确保交易数据与描述内容一致，且准确可靠。数据质量问题可能会直接影响买方的使用效果，导致错误的业务决策，进而影响交易双方的信任度。因此，平台必须对供方提供的数据进行多重质量检查，以确保数据的完整性、一致性和准确性。

具体来说，平台可以通过以下方式保障数据质量：首先，引入自动化的数据验证工具，对数据的格式、完整性以及数据字段的合理性进行检查；其次，平台可以设置数据质量标准，要求数据供方在发布数据前进行自查，以确保数据符合平台的基本要求；最后，平台可以为买方提供数据质量反馈渠道，让买方在使用数据后对其质量进行评价。这些评价可以作为其他潜在买方的参考，也可以帮助平台进一步改进数据审核机制。

数据质量的保障不仅有助于提升交易的成功率，还可以帮助平台建立良好的声誉，从而吸引更多的供需双方加入数据交易市场。

3. 市场竞争压力

数据交易平台面临着多方市场竞争压力，尤其是在数据市场日益扩大的背景下，如何持续优化服务质量和用户体验，成为平台维持竞争优势的关键。市场上的其他平台可能通过更低的佣金、更高的服务效率或更广泛的数据资源来吸引用户，因此，平台必须不断进行创新和改进，以保持其市场地位。

为了应对市场竞争，平台需要从多个方面进行优化。首先，提升平台的技术能力，例如通过改进数据搜索算法、提升交易撮合效率等来提高用户的使用体验；其次，增加平台的数据种类和数据资源的广度，以吸引更多的数据供方和需求方加入平台。而且，平台还可以通过个性化服务来提升用户满意度，例如提供针对不同行业用户的定制化数据解决方案，以及为会员用户提供更多的专属服务和优惠。

平台还需建立有效的用户反馈机制，通过用户的反馈不断完善自身的服务体系。只有在技术和服务质量上不断优化，平台才能在激烈的市场竞争中立于不败之地。

4. 隐私保护与安全

在数据交易中，隐私保护和数据安全是平台运营方必须高度重视的问题。数据交易涉及大量的个人信息和商业敏感数据，一旦发生数据泄露，将对供需双方以及平台的声誉造成严重影响。为了保障交易数据的安全性，平台需要引入先进的安全技术和隐私计算工具，以确保数据在交易过程中的保密性和完整性。

平台可以通过多种技术手段来实现数据的隐私保护和安全保障。使用数据加密技术对数据在传输和存储过程中的内容进行加密，防止数据在传输过程中被窃取或篡改；采用区块链技术记录每一笔数据交易行为，以确保交易过程透明且可追溯；通过隐私计算技术（如联邦学习）在不共享原始数据的情况下实现数据的联合分析，从而保护数据主体的隐私。

此外，平台还需要建立严格的数据访问控制机制，仅允许经过授权的用户访问和使用数据。平台可以通过身份认证、多因素验证等手段来确保用户的身份真实有效，并限制其访问权限，以减少数据被非法获取的风险。通过这些措施，平台可以最大限度地保障数据供需双方的利益，增强用户对平台的信任感，从而推动数据交易市场的健康发展。

（五）案例展示

1. 金融数据交易平台：Wind

Wind 是中国领先的金融数据服务商之一，为银行、投资机构、基金公司以及个人投资者提供全方位的金融数据服务。Wind 平台通过收集全球范围内的股票、期货、外汇等市场数据，构建了一个综合性的数据交易平台，用户可以通过订阅或购买的方式获取所需的数据资源。

Wind 平台的数据资源涵盖了股票、债券、基金、外汇、大宗商品等多个金融领域，并通过实时更新为用户提供准确、及时的市场信息。用户不仅可以获取市场行情数据，还可以深入挖掘历史数据，用于投资分析、风险评估以及市场预测。Wind 平台的数据来源广泛且可靠，包括全球各大证券交易所、基金公司以及政府机构等，这些数据经过标准化处理，确保了用户在使用过程中的便捷性和一致性。

通过 Wind 平台，用户可以实时获取全球金融市场的行情数据和历史数据，用于投资分析、风险评估以及市场预测。Wind 平台通过标准化的数据展示、灵活的订阅模式以及智能的数据检索工具，帮助用户快速获取有价值的市场信息。而且，Wind 还提供专业的分析工具和增值服务，如个性化的数据报告、量化研究支持等，进一步满足用户的多样化需求。用户可以利用这些数据分析工具进行深度的数据挖掘和建模，支持从短期交易策略到长期投资组合的各类决策。

Wind 平台的成功展示了金融数据交易模式在标准化数据交易中的巨大潜力。通过 Wind 平台，数据的获取变得更加高效和透明，银行和投资机构能够更快地响应市场变化，优化投资策略，这也使得 Wind 成为金融行业中不可或缺的数据支持平台。不仅如此，Wind 还通过提供金融教育和数据咨询等增值服务，进一步增强了用户黏性，为金融机构和个人投资者提供了全方位的数据解决方案。

2. 零售消费数据平台：阿里妈妈（Alimama）

阿里妈妈是阿里巴巴集团旗下的数字营销平台，通过整合阿里巴巴电商平台积累的大量商店销售记录和消费者行为数据，为品牌方和广告公司提供精准的营销支持。阿里妈妈平台通过对消费者的浏览行为、购物偏好、购买历史等数据进行深度分析，为客户提供针对性的广告投放策略，以提高广告的转化率和营销效果。

阿里妈妈平台能够为客户提供从市场分析到广告投放全流程的营销服务。例如，某服装品牌在阿里妈妈平台上购买了消费者的行为数据后，可以根据这些数据精准锁定潜在客户，并以个性化推荐和精准投放广告的方式来吸引目标消费者。阿里妈妈还提供实时的数据监控和效果分析工具，使品牌方能够随时调整营销策略，以达到最佳的推广效果。这些工具不仅帮助品牌方实现了更高的广告转化率，还让营销决策更科学和趋于数据驱动。

阿里妈妈平台还通过整合电商生态系统中的多维数据，帮助品牌方进行全渠道的消费者分析。通过线上购物行为和线下消费记录的结合，阿里妈妈能够帮助品牌方更好地理解消费者的购物路径，识别高价值客户群体，并设计出个性化的营销方案。阿里妈妈的智能算法和机器学习技术在广告投放中得到了广泛应用，通过对海量消费者数据的分析，平台可以自动调整广告展示位置和投放时间，从而确保广告的精准性和高效性。

阿里妈妈平台的案例展示了数据交易模式在零售行业中的实际应用，通过汇集和分析海量的消费者数据，帮助品牌方更好地理解客户需求，制定更加有效的营销策略，从而提升市场竞争力。同时，阿里妈妈还通过数据交易和分析服务，助力中小商家在激烈的市场竞争中找到合适的营销路径，降低推广成本，提高了其在电商平台上的竞争力。

3. 医疗数据平台：医渡云（YiduCloud）

医渡云是一家专注于医疗数据整合和智能分析的科技公司，为制药公司、医院、健康科技企业等提供数据驱动服务和解决方案。医渡云通过整合医疗研究数据、健康监测数据、电子病历等信息，建立了一个集数据采集、处理、交易和应用于一体的医疗数据平台，帮助客户更好地进行医学研究和医疗管理。

医渡云平台通过先进的人工智能和大数据技术，对医疗数据进行深度挖掘和分析，提供药物研发支持、疾病预测、患者管理等服务。例如，某制药公司通过医渡云平台获取了多家医院的电子病历数据和患者健康监测数据后，利用这些数据加速了新药的研发进程，并通过对患者的反馈数据进行分析，优化了药物的临床试验设计。医渡云的 AI 算法可以对大量的患者数据进行聚类分析，从中识别出潜在的病患群体特征，从而为药物研发提供精准的数据支持。

同时，医渡云平台还与医院合作，帮助其提升医疗服务质量。通过对患者历史病历和健康监测数据的分析，医院可以对患者的健康状况进行预测，从而为其提供个性化的治疗方案和健康管理服务。医渡云的智能系统可以根据患者的病历记录和日常健康数据，预测其可能出现的健康风险，并提醒医生采取预防性措施。这种数据驱动的医疗服务显著提高了医院的服务效率和患者的就医满意度。

医渡云还与地方卫生部门合作，帮助政府进行公共卫生管理和疾病防控。通过汇总、分析区域内医院上报的健康数据，医渡云可以帮助卫生部门监测疾病的流行趋势，制定相应的公共卫生政策。医渡云平台的成功应用展示了医疗数据平台在提升数据交易效率和医疗服务水平方面的重要作用，也为其他健康科技企业提供了宝贵的经验借鉴。医渡云通过整合各方资源，不仅取得了商业上的成功，还为医疗行业的数字化转型提供了强有力的支撑。

数据交易的概念和市场结构已逐步成型，交易流程也日益规范化，法律与治理框架也为其提供了合规保障。通过灵活的商业模式，数据交易市场正为企业释放新的增长潜力，为数字经济提供持久动力。

第九章

交易护航：法律与合规的智慧指南

数据交易涉及隐私保护、数据专有权和跨境数据流动等复杂的法律问题，需要在交易过程中遵循严格的法律框架和治理措施。以下是数据交易中的关键法律框架。

一、数据交易的法律法规

（一）国际法律框架

1. GDPR

欧盟的 GDPR（《通用数据保护条例》）是目前世界上最严格的保护数据隐私的法律之一，对于数据交易有着深远的影响。GDPR 的目标是保护欧盟公民的数据隐私权，并规范数据控制者和处理者在收集、存储、处理和传输个人数据过程中的责任。在数据交易中，GDPR 要求企业在收集和交易个人数据时必须获得数据主体的明确同意，这确保了用户对其数据的知情权和控制权。数据主体有权了解其数据用途，并有权请求数据的删除或更正。

GDPR 对跨境数据流动的管理也非常严格，任何涉及欧盟公民数据的交易，若数据需要传输到欧盟以外的国家，必须确保接收方所在国家具备与欧盟同等的数据保护水平。这一要求对数据交易的跨境合规性提出了很高的要求，迫使企业必须评估并采取相应的技术和组织措施，以确保数据的安全性和合法性。

在数据交易的背景下，GDPR 还强调了“数据最小化原则”，即交易数据应仅限于交易目的所需的最小信息量，避免不必要的数据采集和滥用。而且，GDPR 还规定了数据泄露事件的通知义务，要求数据控制者在发现数据泄露后，必须在 72 小时内向数据保护机构报告。这些措施共同保障了数据交易中的用户隐私和数据安全。

2.CCPA

美国加利福尼亚州的（以下简称加州）CCPA（《加州消费者隐私法案》）是另一部具有重要影响力的数据隐私法律，特别是对于在美国进行数据交易的企业而言。CCPA 赋予加州居民对其个人数据的更大控制权，要求企业在收集和交易数据前必须明确告知用户其数据将被如何使用、共享或出售。此外，用户有权要求企业删除其个人数据，并有权选择拒绝将其数据出售给第三方。

CCPA 特别强调了消费者的知情权和控制权，企业在与第三方进行数据交易时，必须确保用户对数据的使用具有充分的知情权。与 GDPR 类似，CCPA 也要求企业提供用户的数据访问权，消费者可以请求企业提供其个人信息的详细内容，以了解数据是如何被使用的。

在数据交易过程中，CCPA 要求企业对消费者个人数据的使用进行详细披露，并且必须在数据被出售前给予消费者选择退出的权利。这意味着在数据交易平台上，涉及消费者数据的交易行为需要经过严格的披露和同意过程，以确保消费者的数据不被滥用。不仅如此，CCPA 对未成年人数据保护也有特殊规定，即要求企业在交易未成年人数据前，必须获得其监护人的明确同意。

3. 其他国家的数据法规

除了欧盟和美国，日本、韩国等国家也出台了相应的数据保护法规，旨在保护个人隐私并规范数据交易行为。

日本的《个人信息保护法》（APPI）是亚洲较早引入现代数据隐私保护概念的法律之一。APPI 要求在数据交易过程中，数据控制者必须告知用户其个人信息的用途，未经用户同意不得将数据提供给第三方。与 GDPR 类似，日本的法规也对跨境数据流动提出了合规要求，要求接收数据的国家具有相当的数据保护水平，以确保数据的安全性和合法性。

韩国的《信息通信网法》和《个人信息保护法》(PIPA)则对数据交易中的隐私保护提出了严格要求。韩国对个人数据的收集和使用有详细的规定，特别是在数据共享和交易过程中，要求企业在处理个人数据时需遵循合法性、透明性和目的限制原则。而且，韩国还规定了数据泄露事件的强制通知制度，要求企业在发生数据泄露时，必须及时通知用户并采取相应的补救措施。

新加坡的《个人数据保护法》(PDPA)在数据交易中也起到了重要作用。PDPA 要求企业在收集和交易个人数据时必须获得用户同意，并且必须对数据的存储和处理采取严格的安全措施，确保数据不会在未经授权的情况下被访问、使用和披露。此外，新加坡的 PDPA 还强调了数据的国际传输管理，要求企业在把数据传出新加坡时，确保接收方能提供相应的保护水平。

这些国际法律框架共同构成了数据交易的全球法律环境，要求企业在不同国家和地区进行数据交易时，必须遵循各自的法律法规，确保数据的合法性和合规性。这不仅有助于保护数据主体的权利，也为企业进行数据交易提供了明确的合规指南，从而降低法律风险并增强用户信任。

(二)中国的数据交易法律

1.《中华人民共和国数据安全法》

《中华人民共和国数据安全法》(以下简称《数据安全法》)是中国首部系统性规定数据安全的法律，该法对数据的管理和交易提出了明确的合规要求。《数据安全法》确立了数据的分类分级管理制度，要求根据数据的重要性和敏感性，对数据进行不同级别的保护。对于企业来说，在数据交易过程中，需要对交易的数据进行分类和分级管理，以确保敏感数据和重要数据得到更高水平的保护。

在数据交易中，企业需要履行数据安全保护义务，包括数据的存储、传输和处理的全过程安全防护措施。《数据安全法》明确规定了数据交易中应采取的风险防控措施，如对数据的使用权限、访问控制以及安全监控等，以防止数据在交易过程中被滥用或泄露。特别是对于跨境数据交易，企业需要进行安全评估并遵守国家网络安全主管部门的相关规定，以确保跨境数据流动的合规性。

《数据安全法》还明确了企业在数据安全管理中的责任，要求企业建立健全数据安全管理体系，对数据交易活动中的每个环节进行风险评估和监控。这意味着企业在交易前需要对数据进行详细审查，确保数据来源的合法性和内容的合规性，以避免因数据不合法或处理不当而导致的法律责任。

2.《中华人民共和国个人信息保护法》

《中华人民共和国个人信息保护法》(PIPL，以下简称《个人信息保护法》)是中国针对个人信息保护的重要法律，旨在确保个人数据在收集、存储、使用和交易过程中合法合规。《个人信息保护法》规定，任何涉及个人信息的收集和交易活动，必须获得个人的明确同意，且该同意应基于充分的知情权。个人信息处理应当有明确、合理的目的，并限制在目的处理所必需的最小范围，这一“最小化原则”对数据交易中的合规性提出了严格的要求。

在数据交易中，《个人信息保护法》要求企业告知个人其数据的具体用途、交易对象以及处理方式，确保数据主体对其数据的流动有充分的知情权和控制权。尤其是涉及敏感个人信息的交易，例如健康数据、财务信息等，企业需要采取更严格的保护措施，并确保个人的知情同意是自愿且明确的。未成年人个人信息的交易更需要监护人的明确同意，从而进一步提升对特殊群体的保护。

《个人信息保护法》还对跨境个人信息的流动提出了明确规定，企业如果需要将个人信息传输至境外，必须满足国家有关部门的安全评估要求，并确保接收方具有足够的数据保护能力。这使得企业在进行数据交易时，必须对跨境合规性进行严格把控，确保数据交易符合中国的法律要求，并避免可能产生的法律风险。

同时，《个人信息保护法》还强调了数据主体的权利，包括访问权、删除权和更正权等。在数据交易过程中，企业必须尊重这些权利，当数据主体要求删除个人信息时，企业应及时停止交易并删除相关数据。PIPL 对个人信息的使用目的和交易流程进行了严格规范，以确保个人信息不会在未经授权的情况下被滥用或泄露。

3. 地方规范和行业规范

除了《数据安全法》和《个人信息保护法》，中国各地和不同的行业也制定了相应的数据交易规范，以适应当地的市场环境和行业需求。

地方规范：以北京市和上海市为例，两地分别设立了数据交易所，并出台了一系列鼓励数据交易的政策措施。这些地方政策对数据交易平台设立、数据交易备案管理以及数据安全合规性等提出了具体要求。例如，上海市数据交易所规定，参与数据交易的企业必须通过平台进行合规审查，以确保数据来源合法、用途明确，并建立数据交易备案制度，以便于监管部门的监督和管理。

行业规范：在金融和医疗等对数据安全要求较高的行业，相关监管机构也制定了具体的数据交易指导原则。金融行业的《金融数据管理与交易指引》要求，金融机构在进行数据交易时，必须对数据的合规性和安全性进行全面审查，包括数据来源的合法性、数据处理的透明性以及数据交付后的用途控制。医疗行业的相关规范则要求在涉及健康数据的交易中，必须对数据进行脱敏处理，以确保患者隐私不被泄露，并严格控制数据的使用权限，防止数据被滥用。

这些地方和行业规范不仅对数据交易的具体操作流程提出了明确要求，也为不同地区和行业的企业进行数据交易时提供了指导和保障。这些规范与国家法律法规相结合，形成了一个完整的合规框架，以确保数据交易的合法性、安全性和合理性，并推动数据交易市场的健康发展。

二、数据交易的合规要求

数据交易的合规要求是确保交易过程中各环节符合法律法规和行业规范的基础。通过数据脱敏处理、授权证明及持续合规检查，供需双方能够规避法律风险，确保交易的合法性和安全性。

（一）数据脱敏处理

数据脱敏处理是保护个人隐私的重要手段，尤其在涉及个人信息的交易中，需对数据进行严格的隐私保护处理。

脱敏方式包括删除或替换数据中的敏感信息，使其无法与具体个人建立关联，从而在满足交易需求的同时保护隐私。

脱敏技术包括匿名化（移除所有可识别信息，如姓名和身份证号）、假名化（用随机生成的标识替代原始数据，如用户 ID）以及部分遮盖（如只显示银行卡号的后四位）。

处理流程既要包括对交易数据的全面筛查、脱敏处理和处理后验证，还需要提供处理说明文件，以供买方确认。

确保脱敏处理符合 GDPR 或 CCPA 的标准，例如 GDPR 对“匿名化”的要求或 CCPA 对“不可识别信息”的定义。

（二）数据授权证明

数据授权证明是确保数据来源合法、交易合规化的必要文件，供方需为每一笔交易提供授权证明以减少侵权风险。

数据采集的合法性需通过用户同意协议或商业合作协议来证明，例如提供平台用户条款中授权条款的截图。

数据使用权说明应明确供方对数据的转售权或商业用途授权，特别是涉及第三方提供的数据时。

合作伙伴协议需包括转售许可条款，而内部采集的数据需提供采集流程说明。

（三）持续合规检查

持续合规检查是保障数据交易在整个过程中符合法律法规和合同要求的重要机制，需建立合规审计和动态监控体系。

合规审计需定期检查数据交易记录、数据交付日志及数据使用情况，以确保符合合同要求。

动态监控需实时监测交易行为和数据传输安全性，如设立违规警报系统来及时处理异常情况。

第三方机构审计可用于评估跨境数据流动或敏感数据交易的合法性和合规性。

三、数据交易的伦理要求

（一）数据隐私与用户权利

1. 数据隐私保护原则

在数据交易中，保护用户的隐私权是至关重要的伦理要求。数据隐私保护原则强调，企业在收集、处理和交易个人数据时，必须确保用户的隐私权得到尊重。这意味着企业需要采取必要的措施，确保个人数据不被非法访问、泄露或滥用。在数据交易过程中，企业必须严格遵守相关法律法规，对个人数据进行最小化处理，确保交易的数据仅限于实现特定商业目的所必需的最小信息量。

个人数据在交易中应保持透明，数据主体必须清楚地了解其数据的流向和用途。企业在进行数据交易时，应采取严格的数据脱敏和加密措施，以防止个人数据在传输过程中被窃取或篡改。此外，数据处理者应对数据使用目的进行明确声明，避免将数据用于未经授权的用途。企业还需建立严格的数据访问权限控制，确保仅限授权人员或实体才能接触到个人数据。

数据隐私保护还涉及对敏感信息的特别保护，如医疗记录、财务数据等。这些数据一旦泄露，可能对用户造成不可挽回的损害。因此，企业在交易这些敏感数据时，需进行额外的安全审查和风险评估，以确保数据的安全性和对用户隐私的保护。同时，企业还应定期进行内部审核，确保所有数据处理活动均符合隐私保护的伦理标准。

2. 知情权与控制权

在数据交易中，用户的知情权与控制权是保障个人数据安全和隐私的核心原则之一。知情权意味着用户必须明确知晓其数据将如何被收集、处理、共享和交易。企业在数据交易的各个环节，都有义务向用户告知其数据的使用目的、交易对象以及可能产生的影响。这种透明度不仅是对用户权益的尊重，也是企业履行数据保护责任的重要体现。

在实践中，用户的知情同意是数据交易中的重要环节。企业必须在收集和交易用户数据之前，确保用户的同意是基于对信息的充分了解而做出的，且这种同意必须是明确且自愿的。用户应当被告知其数据的所有可能用途，并有权拒绝将数据用于某些特定用途。这意味着数据主体拥有对其数据的控制权，可以随时撤回同意、请求删除数据或更改数据使用方式。

用户的控制权还包括对数据的访问和更正权利。用户有权随时请求查看企业所持有的关于自己的个人数据，并要求更正任何不准确或不完整的信息。在数据交易中，企业应确保用户能够方便行使这些权利，并建立相应的渠道和流程，快速响应用户请求。在数据交易过程中，如果用户要求停止其数据的进一步交易或要求删除其数据，企业应立即采取措施，确保用户的请求得到执行。

不仅如此，对于涉及未成年人或其他特殊群体的数据交易，企业需额外注意用户的知情权和控制权。在涉及未成年人数据的情况时，企业必须获得其监护人的明确同意，确保未成年人的隐私得到最大限度的保护。这些措施不仅体现了对用户隐私权的尊重，也是企业履行社会责任的重要表现。

通过确保用户的知情权和控制权，企业可以建立用户的信任，增强数据交易的透明度和合法性。这种信任关系有助于推动数据交易市场的健康发展，使得数据作为一种资产能够在公平、透明和合规的环境中得以流通。

（二）数据公平性与偏见

1. 数据的公平获取与使用

数据交易的公平性是保障社会公正和数据伦理的重要基础。确保数据在收集、交易和使用过程中的公平性，能够有效避免因数据偏见而导致对某些群体的不公平对待。在数据的收集阶段，企业应确保数据来源的多样性，避免偏向某些特定人群或地域的数据，这样才能保证数据在交易后的应用过程中具有广泛代表性。偏见通常源于数据样本的选择不当，例如在医疗数据的收集中，过度偏向某个特定年龄、性别或种族群体的数据，可能导致研究和结论片面化，从而影响后续决策和应用。

在数据交易过程中，公平获取数据意味着所有符合资格的企业和机构都应有平等机会去接触和交易数据，而不应受到歧视或不合理限制。

数据供方在设定数据交易价格或选择交易对象时，应避免因经济规模、行业背景或地理位置等原因对潜在的数据需求方产生差别对待。这不仅有助于促进数据资源的普遍共享，也能够推动整个市场的公平竞争和数据价值的最大化。

数据使用过程中的公平性同样至关重要。企业在利用交易数据进行决策时，应避免因数据偏见而产生对特定群体的歧视。例如，在银行对贷款申请进行评估时，如果使用的数据集中对某些社区的历史贷款违约率存在偏见，可能导致对该社区成员的普遍性歧视，进而影响公平的金融服务。为了减少这种不公平现象的发生，企业在使用数据时应结合多源数据进行交叉验证，并引入公平性检查工具，来确保对待不同群体是一致且公正的。

2. 算法偏见与伦理风险

数据偏见在算法中被放大是数据交易伦理中面临的重要风险之一。随着数据交易的发展，越来越多的企业将数据用于算法训练和自动化决策，这使得算法偏见对社会影响较为深远。算法偏见通常是由于算法所使用的训练数据存在偏差而导致对某些群体产生不公正决策。例如在招聘过程中，如果企业使用的招聘算法是基于员工过去的数据，而这些数据中存在对某一性别或种族的偏见，那么算法可能会无意识地重复和放大这种偏见，导致招聘过程中的不平等。

自动化数据交易中的偏见也可能导致市场的不公平竞争。例如，在广告投放中，如果根据交易数据对特定群体进行分类，而这个分类是基于存在偏见的数据，那么某些群体可能会被排除在广告投放的范围之外，或者被标记为低价值客户。这种情况不仅影响个体权益，也可能导致企业错失潜在的商机，甚至引发社会的不满和抗议。

为了减少算法偏见带来的伦理风险，企业应在数据交易后对算法进行审查，特别是在算法训练前进行数据的去偏处理，以确保训练数据具有广泛的代表性和公正性。此外，企业还可以引入独立的伦理审查委员会，对数据交易后的算法应用进行审核，以确保算法结果公平、公正。同时，算法开发人员在设计和训练模型时，应始终保持对数据来源和数据质量的敏感性，避免无意识地将偏见引入系统。

透明性是减少算法偏见的重要手段之一。企业在使用数据训练算法时，应对外披露算法的逻辑和数据来源，让外部专家和公众有机会审查和反馈。这不仅有助于减少算法中的隐性偏见，也能增强公众对企业数据使用的信任度。企业还可以采用“算法沙盒”测试机制，在正式应用前对算法进行小规模测试，以发现潜在的偏见和不公平问题，并及时进行调整。

数据公平性与算法偏见是数据交易伦理中至关重要的议题。通过在数据采集、交易和使用的每个阶段引入公平性考量，并采取有效措施减少算法偏见，帮助企业在推动数据商业化的同时，维护社会公正，履行其应有的社会责任。

（三）数据透明性与责任划分

1. 交易透明度

在数据交易过程中，透明度是确保数据交易各方信任和安全的重要基础。交易透明度要求应向交易双方充分披露数据来源、价格和用途等信息，以便双方在交易过程中对数据的价值、适用性和潜在风险有明确认识。数据来源的透明性尤为重要，数据供方需明确数据的收集方式、时间及初始用途，以确保数据在交易前就已得到合法、合规的处理。

数据价格的透明性可以有效减少交易中的信息不对称，使数据供需双方能够在公平的基础上协商价格，从而达成双方满意的交易协议。价格透明也可以帮助供方证明数据的公允性和价值，使需求方在购买数据时，能够做出更为合理的判断。而且，明确的数据用途对于交易双方而言同样至关重要，需求方在使用数据时必须严格按照交易合同中的规定用途来应用，任何超出约定的使用行为都可能带来合规风险。

交易透明度还涉及对数据质量的披露。供方应当对数据的完整性、准确性和时效性进行说明，以便需求方了解数据的适用范围和可能的限制。供方可以提供数据样本和详细的元数据描述，帮助需求方评估数据价值和使用潜力。这种透明性措施能够减少交易后因数据质量不达标而引发的纠纷，从而提升数据交易的效率和成功率。

2. 责任划分

在数据交易中，明确的责任划分是确保数据交易合法合规进行的重要手段。数据供需双方需要在交易合同中详细规定各自的责任和义务，以防在交易过程中或交易后出现争议。数据供方的主要责任包括确保数据的合法性、真实性和合规性，这意味着数据供方在交易前需要对数据来源进行严格审查，以确保数据采集符合相关法律法规，并且数据内容不涉及虚假信息或侵犯他人权益的行为。

数据供方还应对数据的质量负责，包括数据的完整性、准确性和及时性。在交易过程中，如果数据供方提供的数据存在重大瑕疵或不符合交易合同的描述，供方应承担相应的法律责任。因此在数据交易前，供方需要进行全面的数据质量评估，并向需求方如实披露数据的优缺点，以确保数据交易的公平性和透明性。

数据需求方则需对数据的使用合规性负责。这意味着需求方在获取数据后，必须严格按照合同中规定的用途和范围进行数据使用，确保不对数据进行超出授权范围的使用、复制、转售或公开等。需求方还需确保在数据使用过程中，遵守相关的数据隐私和安全保护法律，特别是涉及个人信息时，需求方必须采取必要的措施来保护数据主体的隐私权。

数据需求方也有责任对数据的使用进行安全管理，防止数据在存储、处理和传输过程中被非法访问、泄露或滥用。需求方应建立数据访问控制机制，仅允许授权人员接触交易所得的数据，防止数据被恶意使用或泄露。此外，需求方还需定期对数据使用情况进行内部审核，以确保每一项数据处理都符合合同规定，不违反法律法规。

在实际操作中，数据交易合同是责任划分的主要依据。合同应明确规定数据的授权范围、使用条件、保密要求以及违约责任等内容。合同的制定应尽可能详细，以免在实际数据交易和使用过程中出现理解偏差或合规风险。如果需求方违反合同规定，将数据用于未经授权的用途，供方有权追究其法律责任，并要求赔偿损失。通过这种清晰的责任划分，数据交易双方能够更好地遵守合规要求，维护各自权益。

总之，数据交易的透明性和责任划分是确保交易合法、合规和公平的重要保障。通过在交易中披露数据的来源、价格和用途，企业能够增强交易的透明度，降低因信息不对称而产生的风险。同时，明确供需双方的责任，有助于保障交易双方的合法权益，并推动数据市场的健康发展。

第三部分

数据资产运营篇

第十章

数据资产运营：价值创造的全新路径

数据资产运营是企业将数据资源转化为实际商业价值的关键过程。通过科学的运营模式、技术支持和风险管理，企业可以在业务优化和价值创造中充分释放数据潜力。本章从运营模式、价值创造的路径、品牌化运营、个体化赋能等多个维度展开详细讨论。

一、数据资产的运营模式

数据资产的运营模式可以分为内部使用和外部商业化两大方向。这些模式充分挖掘了数据在企业价值链中的作用，既能支持内部业务优化，又能通过外部交易和合作实现直接收益。

（一）内部使用

通过在内部业务场景中运用数据资产，企业能够显著提高运营效率和决策质量，进而提升整体竞争力。

1. 数据驱动的运营优化

数据资产在企业内部的优化运营中发挥重要作用，可帮助企业降低成本、提升效率。例如：

- 库存管理：零售企业通过分析历史销售数据和市场趋势来预测需求，优化库存水平，降低积压和缺货风险。

● 供应链优化：制造企业整合供应链数据，分析各环节“瓶颈”，改进物流和生产计划，实现动态调整。

2. 数据支持的决策制定

通过对历史数据、实时数据的深入分析，企业能够制定更加科学的战略和战术决策。例如：

● 市场定价：利用消费者的行为数据和竞争对手的动态数据，制定灵活的产品价格策略。

● 风险管理：银行通过客户的信用评分数据和财务历史，优化风险控制和信贷决策。

3. 典型应用

零售行业：

零售企业整合 POS 系统的销售数据和电商平台的订单数据，对特定区域的需求波动进行预测，调整生产计划并优化物流配送，从而提高销售转化率。

金融行业：

银行通过分析客户的交易记录、资产分布和理财产品购买行为，设计更符合客户需求的产品组合，同时提升信用风险管理能力。

（二）外部商业化

通过将数据资产货币化，企业能够从其数据资源中获得直接经济收益。这种模式主要通过交易、出租或共享数据来实现。

1. 数据交易

企业将非核心业务数据出售给合作伙伴或第三方，以实现数据的直接变现。例如：

● 广告平台购买用户行为数据，用于精准投放和优化营销策略。

● 房地产企业购买人口统计数据和市场分析数据，用以辅助选址和项目设计。

2. 数据即服务

企业通过云平台或 API（接口）按需提供数据访问服务，并向用户收取订阅费用。例如：

● 金融数据公司实时向客户提供股票行情、经济指标等数据。

- 地理信息公司提供交通数据或天气数据访问服务，供导航软件或物流公司使用。

3. 典型应用

广告平台：广告公司通过分析用户画像数据，实现精准匹配广告内容和目标受众，从广告投放的收益中获得分成。例如，电商平台通过与广告公司共享客户购买数据，共同提升营销效果。

医疗行业：医疗机构将经过匿名化处理的健康数据出售给制药企业和科研机构，用于药物开发、疾病研究和公共卫生政策的制定，同时获得可观收入。

通过内部使用与外部商业化的有机结合，企业能够在运营效率提升与收益创造之间找到平衡点，使数据资产成为推动业务发展的核心驱动力。

二、数据价值创造的路径

数据资产运营中的价值创造主要通过效率提升和收入增长两大路径实现。这些路径会帮助企业从不同维度挖掘数据的潜在价值，为业务发展提供有力支持。

（一）效率提升

通过优化数据流程、预测风险和实现自动化，企业能显著提高运营效率，减少资源浪费，降低决策成本。

1. 优化流程

数据分析可以帮助企业识别业务流程中的低效环节，优化资源配置，提升整体运作效率。

生产优化：制造企业通过分析设备运行数据，发现产能瓶颈并调整生产计划，以减少设备闲置或过载运行的情况。

供应链改进：零售企业通过整合物流数据、优化运输路线来缩短配送时间并降低成本。

2. 预测与预防

通过分析历史数据，企业能够预测未来的趋势和潜在风险，提前采取应对措施。

需求预测：零售行业利用销售历史和季节性数据来预测顾客的商品需求，以确保库存充足但不超额积压。

风险预防：银行利用客户的信用记录预测违约风险，调整授信额度，从而降低坏账率。

3. 自动化决策

企业将数据融入智能系统，实现实时响应和流程自动化，从而提升决策效率和执行速度。

自动化营销：电商平台根据用户行为数据，自动推荐商品并推送个性化促销信息。

智能调度：物流公司利用实时交通数据自动调整配送计划，以提高配送效率。

（二）收入增长

通过创新产品、提升客户体验和数据变现，企业能够扩大收入来源，增强市场竞争力。

1. 创新产品和服务

基于数据分析，企业能够开发新产品或改进现有产品来满足市场需求，提高产品的市场适配度。

产品创新：科技公司利用用户反馈数据来研发智能家居设备，从而提升使用便利性和市场吸引力。

服务优化：金融机构通过分析交易数据，推出更具个性化的理财产品，以吸引特定客户群体。

2. 增强客户体验

通过深入分析客户数据，企业能够提供更贴合客户需求的服务，从而提高客户忠诚度和复购率。

个性化推荐：流媒体平台根据用户观看记录和偏好，推荐相关内容，提升用户黏性。

客户问题预测：客服系统利用客户历史数据预测可能出现的问题，提前做好解决方案，提升客户满意度。

3. 数据变现

企业通过交易、租赁或提供增值服务，将数据直接转化为收入。

数据交易：广告公司购买用户行为数据，用于优化广告投放效果，提升收入。

订阅式数据服务：气象服务平台按月向用户提供实时天气数据，收取订阅费用。

增值服务：金融公司向中小企业提供基于交易数据的信用评估服务，收取评估费用。

三、数据资产的品牌化运营

数据资产的品牌化运营是将企业的数据资源从内部管理工具转化为市场认可的战略资产的过程。通过品牌化运营，企业能够赋予数据清晰的市场定位、独特的价值主张和可信赖的品牌形象，从而在竞争中占据优势。

（一）什么是数据品牌?

数据品牌是指企业通过对数据资产进行系统性管理、价值挖掘和形象塑造，使其具备市场竞争力和独特身份的一种表现形式。这种品牌化不仅能够体现数据的质量、合法性和专业性，还能赋予企业行业话语权。

（二）数据品牌的构建方法

数据品牌的构建是企业数据资产转化为市场竞争力的关键步骤。以下从品牌定位、质量标准、独特性三个方面详细阐述数据品牌的构建方法，以确保内容具有实用性和新颖性。

1. 确定品牌定位

品牌定位是数据品牌构建的第一步，它明确了数据资产在市场中的核心价值与差异化优势。

（1）分析行业需求

通过行业调研，识别目标行业的痛点与需求。例如在物流行业，企业可针对配送效率、路径优化等关键问题，定位为“智能物流数据提供商”。

借助外部数据，如市场趋势报告和竞争分析等，评估行业内尚未被满足的需求，从中找到切入点。

（2）匹配企业优势

综合企业在数据采集、分析或技术上的优势，明确独特卖点。例如，一家零售企业的数据资产品牌可专注于消费者行为分析，从而强调实时理解能力和区域化市场支持。

（3）细分目标受众

根据数据应用的场景和用户需求，划分目标用户群体。企业可细分为中小企业用户、高净值客户、政府机构等，并为每个群体量身定制专属服务。

通过用户画像工具（如客户旅程地图），全面了解目标受众的行为模式和核心需求，进一步优化数据品牌的核心信息传递。

（4）明确品牌使命与价值主张

定义数据品牌的长期使命，如“通过数据驱动可持续增长”或“提升供应链效率”。

突出品牌核心价值，如“实时分析”“全行业覆盖”或“高精度预测”，并通过一致的宣传传递给市场。

2. 建立数据质量标准

数据质量是数据品牌的根基，高质量的数据能够显著增强品牌的可信赖性和市场认可度。

（1）实施标准化的数据采集与处理流程

制定严格的数据采集规范，包括数据来源的合法性、采集频率的稳定性等。企业可以通过部署物联网传感器实时进行数据采集，并设置自动化的数据清洗流程，以确保数据的一致性。

在数据处理环节，采用标准化工具（如 ETL 工具）进行统一的数据整合和格式化，避免数据出现混乱或冗余问题。

（2）建立动态质量监控机制

实时监控数据质量，例如通过异常检测算法快速发现数据中的缺失值、重复值或异常值。

定期生成质量报告，评估数据的完整性、准确性和及时性，并根据评估结果优化采集和处理流程。

（3）引入第三方数据认证与评估

与专业数据认证机构合作，为数据质量提供第三方背书。例如，获得ISO 8000数据质量认证，可显著提升市场对数据品牌的信任度。

定期邀请行业专家或顾问对数据采集和处理流程进行独立审查，以确保其成为行业最佳实践。

（4）支持数据溯源功能

在品牌数据系统中集成溯源功能，确保用户能够追踪数据的生成、处理和使用路径。可以通过区块链技术记录数据流转过程，为品牌提供额外的可信度支持。

3. 塑造独特性

独特性是数据品牌在市场中脱颖而出的关键，它能够增强品牌识别度并形成强大的市场壁垒。

（1）技术创新驱动差异化

利用先进技术（如人工智能、机器学习）提升数据分析的深度和效率。例如，物流数据品牌可以优化路径算法，显著缩短配送时间。

在数据存储和处理方式上进行创新，例如采用分布式存储提升数据的安全性，或使用实时流数据技术来支持动态分析。

（2）行业领域的深耕与专注

针对特定行业进行纵深开发。例如医疗数据品牌可以专注于患者行为数据的分析，帮助医疗机构提高诊断效率和患者满意度。

创建细分市场的标准化解决方案，如为零售行业提供完整的消费者行为数据工具包，帮助企业快速上手。

（3）建立数据品牌的生态系统

鼓励上下游合作伙伴加入数据生态。例如金融数据品牌可以与银行、保险公司合作，共同开发信贷风险评估工具。

在品牌数据中添加开放API（接口），支持开发者和合作伙伴基于品牌数据创建附加应用，进一步强化生态系统的扩展性。

数据品牌的构建需要在品牌定位、质量标准、独特性三个方面形成系统化策略。通过明确的市场定位、严谨的数据质量管理、差异化的技术优势以及透明可信的运营方式，企业能够打造出具有市场影响力和长期竞争力的数据品牌，为数据资产的商业化和生态化运营奠定坚实基础。

（三）数据品牌化对企业竞争力的提升

数据品牌化是企业将数据资产转化为战略资源的重要途径。通过构建可信赖的数据品牌，企业可以在行业中树立权威，增强数据的商业价值，优化生态系统建设，并与客户建立深层次关系，从而提升整体竞争力。

1. 提升行业话语权

（1）塑造行业权威形象

数据品牌化让企业在特定行业中成为信息的主要来源。高质量的数据品牌能够持续输出深度分析和洞见，使企业在行业内具有公信力，成为重要的参考点。

（2）推动行业标准形成

数据品牌化通过统一的质量标准、数据结构和应用规范，在行业内建立数据管理和应用的最佳实践。随着品牌影响力的扩大，企业不仅是数据的供应者，更成为行业规则的制定者和推动者。

（3）引领技术与创新方向

数据品牌通过深度参与行业技术应用场景的开发，推动数据驱动型解决方案的创新和普及。这种先发优势使企业能够持续引导市场需求并保持领先的技术地位。

2. 增强数据变现能力

（1）多元化的商业模式

数据品牌化提升了数据资产的市场化能力，使企业能够通过多种渠道实现数据价值的货币化。无论是直接提供数据服务、授权第三方使用，还是嵌入数据分析解决方案，品牌化数据都能成为盈利的核心来源。

（2）显著的定价优势

数据品牌通过提升数据的可信度、稀缺性和应用效果，使其具备更高的市场溢价能力。在市场竞争中，品牌化数据因其可靠性和权威性更易被客户优先选择，从而进一步巩固企业的议价地位。

（3）持续的收益流

品牌化数据能够以订阅或长期授权的方式建立稳定的收入来源，同时随着数据资产规模和应用场景的扩展，企业还可以不断挖掘新的收益增长点。

3. 优化数据生态系统

（1）构建协同生态网络

数据品牌化增强了数据平台的吸引力，促使企业能够有效整合生态链上下游的资源。通过构建数据共享与协作机制，企业能够创造出全新的价值链，并使数据生态系统中的每一方都能从中获益。

（2）提升生态系统效率

品牌化数据通过标准化和高质量管理，使生态系统内的数据交换更加顺畅和高效。这种优化有助于减少重复工作，提高整体运营效率，并显著降低协作成本。

（3）夯实合作信任基础

数据品牌化为生态系统中的参与方提供了可信赖的合作基础。通过透明、稳定的品牌服务增强合作伙伴的信心和参与度，促进长期合作关系的形成。

4. 提高客户忠诚度

（1）建立稳固的信任机制

数据品牌通过长期提供高质量、可靠的数据服务，使得客户能够在业务决策中充分信赖数据品牌。这种信任关系不仅使客户愿意长期合作，还提升了品牌在客户心目中的核心地位。

（2）满足个性化的需求偏好

品牌化数据以灵活的服务能力适配不同客户的需求，从而为客户提供更精准的支持。无论是在深度分析还是实时应用上，品牌化数据都能为客户提供高价值的体验。

（3）创造长期价值

数据品牌化通过持续的技术升级、数据扩展和增值服务，为客户创造源源不断的价值。这种持续性使客户更愿意依赖品牌服务，形成很高的黏性和忠诚度。

（4）推动互动与参与

数据品牌不仅是服务提供者，也是客户合作的伙伴。通过开放式交流和互动，品牌化数据能够激发客户参与产品优化和创新的积极性，进一步增强客户与企业之间的联系。

数据品牌化是企业提升竞争力的重要战略。数据品牌化通过在行业中树立权威、提升数据商业价值、优化生态协作和强化客户关系，为企业创造全方位的竞争优势。这种优势不仅体现为当前的市场地位，还体现在长远的业务增长和行业影响力的持续强化上。

（四）数据品牌的营销与传播策略

数据品牌的营销与传播策略是将数据资产品牌化后的价值传递给目标市场和用户的核心手段。通过差异化的传播路径、场景化的互动体验以及长期战略的实施，企业能够实现品牌知名度和市场竞争力的持续提升。

1. 核心价值的精准传播

（1）品牌价值体系深化

营销传播的首要任务是将数据品牌的核心价值转化为受众能够感知的内容。这不仅需要明确价值主张，还需围绕价值体系设计层次化的内容策略，使品牌形象更加立体。

对外：聚焦数据品牌的可靠性、稀缺性或独特性，塑造具有吸引力的市场形象。

对内：将品牌价值与企业的长期目标相结合，形成贯穿企业内部的统一认知。

（2）精准化传播矩阵设计

建立多维度传播矩阵，包括深度内容（白皮书、行业报告）、快消内容（短视频、社交媒体帖子）和互动式内容（数据试用平台、在线研讨会）。不同形式的内容需针对不同的传播场景定制，例如，高管层倾向深度内容，操作层更关注实用性工具。

（3）数据驱动传播优化

利用数据分析优化传播路径，通过追踪内容点击率、阅读完成度、受众反馈等指标，动态调整传播的内容和形式，以确保营销效率最大化。

2. 场景化案例展示

（1）应用场景设计

深入挖掘数据品牌在实际业务中的典型应用，通过故事化叙述和可视化展示让受众能够直观理解品牌价值。场景设计需涵盖从日常业务到战略决策的不同用户层级。

（2）动态互动体验

通过数字技术为用户提供身临其境的场景体验。创建虚拟演示或交互式工具，让用户模拟数据品牌在业务场景中的效果，从而提升用户的参与度与记忆点。

（3）案例分阶段展示

将数据品牌在应用中的表现分多阶段进行展示。通过从最初的引入、实践到取得成果的全链条描述，让用户对品牌数据产生长期的价值信任。

（4）情感化连接强化

在案例展示中，不仅关注数据品牌的技术价值，还要融入用户的情感诉求，如解决问题的满意度、业务效率的提升，从而形成更深层次的品牌联想。

3. 借助行业活动扩大影响力

（1）战略性参与行业活动

选择具有广泛影响力的行业活动作为核心传播平台，通过演讲、展示和主题讨论提升品牌的曝光度。在活动中展示数据品牌的最新技术成果和业务影响力，强化其市场领导地位。

（2）活动传播与后续延伸

活动结束后，利用数字化手段将内容进行二次传播，包括线上内容分享、活动回顾及专家访谈，延长品牌的影响周期并扩大传播范围。

（3）主办或联合发起活动

企业可发起或联合组织行业活动，通过内容策划和资源整合进一步提升数据品牌的核心地位。创办以数据品牌为核心主题的行业年会或创新挑战活动。

（4）行业社区与知识共享

构建品牌主导的行业知识社区，通过持续分享专业内容、定期组织主题讨论，强化品牌在行业中的认知度，以吸引更多的行业伙伴和用户加入。

4. 数字化传播与创新

（1）创建数据品牌专属平台

构建以品牌为核心的数字平台，整合数据展示、案例分享、用户反馈和互动交流等功能，让品牌价值在平台中得到全面体现。平台支持多终端访问，从而为用户提供便利性体验。

（2）智能化传播策略

结合人工智能和大数据技术，对目标用户群进行精准画像与动态分析，实施个性化传播策略。根据用户的访问历史和互动偏好，定制传播内容和信息推送。

（3）增强用户互动性

通过实时互动工具（如在线问答、数据探索工具），增强受众对品牌的参与感。同时，定期开展线上互动活动，如品牌主题的直播分享或线上竞赛，提升品牌的用户黏性。

（4）聚焦内容的持续性

数据品牌营销需进行阶段性的内容输出，避免一次性传播，持续强化品牌形象。长期传播计划需涵盖年度规划和季度更新，以确保传播内容的新鲜度和一致性。

数据资产的品牌化运营不仅是企业提升市场竞争力的手段，也是实现数据商业价值最大化的重要策略。通过构建清晰的品牌定位、持续提升数据质量以及采用多样化的营销传播策略，企业可以把数据品牌打造成市场的核心竞争力。未来，数据品牌化运营将成为企业实现差异化竞争和长期发展的重要路径之一。

四、数据资产的个体化赋能

随着数据经济的快速发展，数据资产的价值逐渐从企业扩展到个体。个体用户正在成为数据经济的重要参与者。在这一背景下，数据资产的个体化赋能不仅是技术发展和商业模式创新的体现，更是对个体价值重新定义的探索。以下将围绕“数据资产赋能个人用户的商业模式”

和“数据资产在自由职业者与小型企业中的应用”两个主题，详细阐述数据如何为个体赋能。

（一）数据产权的个体化确权与价值主张

在传统的数据交易模式中，数据主要由平台或企业掌控，个体用户往往是被动的数据提供者。随着技术进步，尤其是区块链技术的应用，数据确权成为可能。个体用户可以通过分布式身份技术（DID）管理自己的数据，并明确其在交易中的收益权。

1. 技术支持：分布式账本与智能合约

分布式账本可以记录数据的生成时间、来源以及所有权，使个人数据拥有清晰的权属证明。智能合约则确保用户在数据授权过程中能获取实时回报，同时追踪数据的使用情况，避免数据被滥用。

2. 个人数据的价值定位

个人健康数据、学习行为数据等具有很高的商业价值。一位用户可以通过数据平台将其健康数据授权给制药企业进行研究，同时获得相应的货币或服务奖励。

（二）个性化数据服务的普及

个性化数据服务是数据资产赋能个体用户的直接体现，通过分析用户提供的数据，企业可以为用户设计定制化产品和服务，而用户则能更便捷地获取符合自身需求的方案。

1. 个性化医疗

用户的体检数据和日常健康记录上传至医疗平台后，平台可以结合AI分析，为用户量身定制健康计划，如特定营养建议或药物方案。用户还可以向保险公司分享这些数据，从而获得更优惠的保险费率。

2. 精准教育

通过记录用户的学习行为数据（如课程完成情况、考试成绩、在线学习时间等），教育平台能够为其提供针对性辅导服务。如为某位学生推荐最佳的学习路径或习题集，从而提高其学习效率。

（三）数据共享经济中的个人收益

数据共享经济强调用户作为数据提供者和受益者的双重身份。平台不再仅仅是数据的收集者，更是个体与企业间的桥梁。

1. 社交网络的流量变现

在社交平台上，用户可以通过互动数据（如点赞、评论、分享）生成价值。这些行为数据能够为广告主提供精确的目标定位。用户通过为这些数据授权，直接从平台的广告收益中分成。

2. 订阅式数据使用模式

用户可订阅特定的数据服务，如交通数据、天气数据或个人理财数据，通过实时授权模式控制数据流向。企业按使用频次付费，用户则可以从中获得相应分成。

（四）数据资产在创作者经济中的作用

创作者经济是数据资产个体化赋能的典型场景，内容创作者通过对自身数据的管理和利用实现收入增长。

1. 粉丝数据运营

创作者借助数据分析工具了解粉丝的偏好，如内容点击率、互动频次等，从而优化内容创作和商业合作策略。例如，某位视频博主发现其美妆教学视频的互动率最高，便可集中资源开发类似内容。

2. 多平台收益整合

通过数据共享协议，创作者可以将多个平台的收入数据整合到一个可视化工具中，从而更清晰地管理各渠道的收益来源，并优化内容分发策略。

第十一章

实践出真知：数据资产运营的案例研究

通过深入剖析几家典型企业在数据资产运营中的实践经验，展示其成功的运营模式和策略，以及如何转化为商业价值。这些案例帮助我们更深入地理解数据资产在不同行业中的有效管理和应用方式。

一、典型企业案例

（一）亚马逊（Amazon）的数据资产运营

亚马逊作为全球领先的电商和云服务提供商，其成功的重要因素之一在于其高度成熟的数据资产运营能力。亚马逊通过提升内部数据驱动效率和外部数据商业化，全面释放数据价值，为企业带来了明显的收入增长和竞争优势。

1. 案例背景

亚马逊的业务涵盖多个领域，包括电子商务、物流配送、云计算和智能设备。其数据资产主要来源于以下几个方面。

用户行为数据：消费者的浏览记录、购买历史、评价和点击行为。

物流数据：仓储库存、配送路线、配送时间和实时位置跟踪。

云服务数据：AWS 用户的资源使用情况、性能数据和业务需求。

设备数据：通过智能设备（如 Alexa 和 Kindle）收集的使用数据和语音交互记录。

亚马逊通过多层次的数据资产运营，既提升了内部运营效率，又创造了新的收入来源。

2. 内部运营：效率提升

优化数据驱动运营相关内容如下。

（1）库存管理

亚马逊通过整合仓储和销售数据，构建了高度智能化的库存管理系统（如"库存点预测"），能精准预测各区域的商品需求，优化库存分布，减少缺货和积压现象。

实际成果：通过动态库存管理，亚马逊在"次日达"和"当日达"配送服务中保持高达 99% 的库存满足率。

（2）供应链优化

亚马逊使用物流数据和机器学习技术优化配送路线。通过整合实时交通数据和配送订单，自动生成最优路线，显著缩短了配送时间，降低了运输成本。

实际成果：物流成本的收入占比从 2015 年的 15% 降至 2023 年的 11%。

3. 数据支持的决策制定

（1）动态定价

亚马逊利用竞争数据和市场需求预测，动态调整商品价格，从而确保在不同市场竞争中保持价格优势。

实际成果：动态定价策略使其在"黑色星期五"等促销活动中实现销售额同比增长 30% 以上。

（2）个性化推荐

基于用户行为数据的推荐算法，亚马逊向用户精准推荐其可能感兴趣的商品。通过协同过滤算法和深度学习模型，推荐系统成为提升用户复购率的关键。

实际成果：亚马逊报告显示，个性化推荐对其年销售额的贡献率高达 35%。

4. 外部商业化：数据变现

（1）AWS 云服务

亚马逊将内部构建的云计算能力外部商业化，推出 AWS，为全球企业提供数据存储、分析和计算服务。

AWS 不仅是一个基础设施平台，还通过提供大数据分析工具（如 Amazon Redshift、Amazon EMR）帮助客户挖掘数据价值。

实际成果：AWS 成为亚马逊的主要收入来源之一，2023 年的年收入达到 908 亿美元，占公司总收入的 16% 以上。

（2）广告数据服务

通过电商平台的用户行为数据，亚马逊向品牌商提供精准广告服务。品牌可基于消费者搜索关键词、购买记录等数据定向投放广告。

实际成果：2023 年，亚马逊的广告业务实现 469.1 亿美元收入，同比增长 24%，成为仅次于 AWS 的收入增长点。

（3）数据支持的创新服务

亚马逊将语音助手 Alexa 收集的数据用于改进智能家居产品，同时通过合作伙伴（如智能家电制造商）提供语音数据支持，实现数据资产的多重商业化。

实际成果：Alexa 生态系统覆盖了全球超过 1 亿个家庭，直接推动了亚马逊智能设备销量的提升。

5. 成果与启示

（1）成果

亚马逊通过数据驱动的内部优化，实现了物流、库存和个性化营销等多环节的效率提升，显著降低了运营成本并提高了客户满意度。

通过 AWS、广告服务和智能设备等模式实现数据的外部商业化，构建了可持续的收入增长渠道。

（2）启示

数据资产运营的关键在于内部优化与外部变现相结合，形成数据价值的双重循环。

成功的数据运营需要高度整合的技术能力，包括大数据分析、机器学习和隐私保护技术。

数据资产的运营需要清晰的目标和持续的投入，例如通过研发创新不断拓展数据分析的深度和广度。

亚马逊的案例表明，一家成熟的企业可以通过科学运营数据资产，既提升内部效率，又创造外部收入，从而在竞争激烈的市场中占据领先地位。这种模式也为其他企业提供了可借鉴的实践路径。

（二）中国华能集团的数据资产运营

中国华能集团（CHINA HUANENG GROUP）是中国最大的综合性电力企业之一，其业务涵盖火电、水电、风电、核电等多个领域。在企业运营中，华能集团通过深入挖掘和运营数据资产，建立了从发电到供应链管理的全流程数据驱动体系，推动了发电效率提升、设备管理优化以及绿色能源转型。

1. 案例背景

华能集团在全国拥有上百座发电站和能源项目，每天采集和积累大量数据，数据资产来源如下。

发电运行数据：实时采集发电设备的温度、压力、能耗、发电量等运行指标。

设备运维数据：设备的运行历史、故障记录、检修计划和寿命预测。

市场数据：来自电力交易市场的价格波动、需求预测和调度数据。

环境监测数据：监控碳排放、空气质量和水资源利用等环保指标。

为充分发挥这些数据的价值，华能集团打造了一套以数据为核心的资产运营体系，实现了企业内部效率提升与外部数据变现相结合的创新发展模式。

2. 内部运营：提升效率和优化流程

（1）智能电厂管理

动态能效优化：华能通过在发电设备上部署传感器，实时采集能耗、负载、发电效率等数据，利用 AI 算法动态调整发电参数，以确保设备保持最佳运行状态。

在某火电厂试点中，发电效率提升 2.5%，每年节约燃料成本约 9500 万元。

发电能耗降低 3.5%，每年减少二氧化碳排放约 12 万吨。

设备预测性维护：基于采集的振动、温度等设备运行数据，华能开发了预测性维护系统，通过数据分析提前识别潜在故障点，并生成维护计划。

检修计划的执行时间比传统模式提前 15 天，以免设备突然停机。

全年设备非计划停机率降低 30%，节约维修费用约 1.8 亿元。

（2）供应链与发电调度优化

燃料供应链优化：在煤炭运输和存储环节，华能整合物流数据、市场价格和库存水平，动态优化采购和运输方案。

燃料运输成本下降 10%，库存周转效率提高 20%。

某区域电厂的煤炭采购成本约减少 3 亿元。

发电调度与负荷管理：通过将市场需求、电网负荷和天气预测数据相结合，优化不同发电类型（如火电、风电和水电）的动态负荷分配，从而提升清洁能源的发电比例。

一座风电场的风电利用率提升 8%，将减少火电使用，降低碳排放量。

调度效率提高 15%，从而确保在高峰负荷期间电力稳定供应。

3. 外部数据商业化：探索数据变现模式

（1）能源数据服务

电力交易数据支持：华能利用市场交易数据为电力调度机构提供供需预测服务，包括预测高峰期需求和市场价格波动。

数据预测准确率达 93%，为电力调度优化提供了有效支持。

每年新增数据服务收入 1.5 亿元。

设备数据分析服务：通过分析电厂设备运行数据，向新能源设备制造商输出性能分析报告，协助优化设备设计。

提供的数据分析服务覆盖全国 40 多个新能源发电站，帮助制造商改进产品设计，提升发电设备的效率和可靠性。

（2）技术输出与服务合作

智能电厂解决方案输出：基于华能集团自身在智能电厂建设中的实践，推出涵盖数据平台搭建、预测性维护和能效优化的智能电厂解决方案，服务于其他发电企业。

解决方案已在 12 家同行企业中落地应用，帮助客户实现设备故障率下降 20% ~ 25%，能耗降低 3% ~ 5%。

每年通过技术服务增加收入近 5 亿元。

环保解决方案：利用自身积累的环境监测数据，华能为政府机构和企业提供碳排放分析和节能减排建议。

某工业园区通过华能的节能方案实现了单位能耗降低 10% 的目标，

有效减少了碳排放量。

（3）实际成果

通过全面的数据资产运营，中国华能集团取得了以下具体成效。

发电效率提升：在试点电厂中，发电效率提升 2.5%，年均节省燃料成本超 10 亿元，非计划停机率降低 30%。

设备管理优化：设备故障预测准确率提升至 95%，维护费用降低约 1.8 亿元。

数据商业化：每年的数据服务和解决方案累计带来 6.5 亿元收入，推动数据资产从内部价值向外部价值转化。

绿色能源转型：在调度优化下，清洁能源发电比例提高 8% ~ 10%，年均碳排放减少 50 万吨。

中国华能集团的实践证明，科学的数据资产运营不仅能为传统企业带来显著的成本优化和收入增长，还能促进产业的可持续发展，为其他企业提供可参考的数字化转型路径。

二、行业应用分析

（一）金融行业数据资产的应用分析

数据资产在金融行业中扮演着关键角色，其深度应用涉及风险控制、反欺诈和精准营销等多个领域，不仅提升了金融机构的运营效率，还为其带来了前所未有的竞争优势。

1. 风险控制：金融安全的基石

金融行业面临的核心问题之一是风险管理。信用风险、市场风险和操作风险等都可能造成巨大的经济损失。在传统模式下，风险评估主要依赖于人工经验和历史数据，难以实时响应市场变化和管理复杂的风险因素。

（1）数据资产的应用

通过对客户行为数据、财务数据以及宏观经济数据的深度挖掘，金融机构能够构建更加精准的风险评估模型。以下是风险控制中数据资产的具体应用场景。

信用评分模型：结合客户的收入水平、信用卡账单、贷款历史等多维度数据，利用机器学习技术建立信用评分系统，实现对个人或企业信用水平的全面评估。

违约风险预测：通过分析历史违约数据，识别影响违约率的关键变量，如还款习惯、收入波动、经济环境变化等，从而预测客户的违约概率。

动态监控与预警：通过实时交易数据监控，及时捕捉异常交易模式，如大额资金异动、账户登录异常等，提前预警潜在风险。

（2）应用案例

某国际银行利用大数据技术建立了动态信用风险评估模型，结合实时交易数据对客户信用评分进行调整。在经济危机期间，该模型有效减少了 20% 的不良贷款。

（3）价值体现

降低不良资产率：更准确的风险识别降低了金融机构的坏账率。

提升风控效率：实时分析与自动化处理减少了人工审查的时间与成本。

增强客户体验：精准评估降低了优质客户的融资成本，提高了满意度。

2. 反欺诈：金融安全的守护者

随着金融交易的数字化，欺诈行为日益复杂化和隐蔽化。传统的反欺诈手段通常滞后，难以应对快速变化的欺诈手段，导致金融机构蒙受巨大损失。

（1）数据资产的应用

反欺诈领域的数据资产应用主要依赖于实时数据分析与智能化技术。

交易行为分析：利用用户历史交易数据建立行为模型，通过与正常行为的对比，识别异常交易。如在信用卡支付中，分析消费地点、时间、金额等数据是否符合用户的常规模式。

身份验证与生物识别：结合用户登录时的地理位置和生物特征（如面部识别、指纹）等数据，实现精准的身份验证。

欺诈网络挖掘：分析欺诈分子的社交关系网络，挖掘潜在的欺诈团伙。通过多维数据关联，识别多个欺诈账户之间的联系，从根源上打击欺诈行为。

（2）应用案例

某银行通过部署基于机器学习的反欺诈系统，实时分析客户交易数据。系统上线后，欺诈检测率提升了30%，误报率降低了20%，每年为银行避免了数百万美元的损失。

（3）价值体现

减少经济损失：通过及时识别欺诈交易，减少直接财产损失。

提高反应速度：实时监控和智能化分析缩短了欺诈事件的处理时间。

增强信任度：有效的反欺诈体系提升了客户对金融机构的信任感。

3. 精准营销：提升客户价值的关键

在市场竞争日益激烈的背景下，客户获取成本不断攀升，传统的大规模营销模式难以满足客户的个性化需求。金融机构亟须通过精准营销提高客户转化率和满意度。

（1）数据资产的应用

精准营销依赖于对客户数据的全面分析和预估，以实现营销策略的精细化和个性化。

客户细分与画像：利用客户交易记录、社交数据、行为偏好等，构建多维度的用户画像，将客户细分为不同的群体，如高净值客户、风险偏好型客户等。

个性化推荐：通过分析客户的消费习惯和资金需求，推送定制化的金融产品。根据客户的资产配置建议购买特定的理财产品或保险。

营销效果评估：结合A/B测试和数据分析技术，对不同营销策略的效果进行量化评估，优化未来的营销方案。

（2）应用案例

某银行通过大数据分析对客户进行精准画像，并推出“智能推荐”服务，根据客户的资金流动和偏好来推荐理财产品。这项服务上线后，产品销售转化率提高了40%。

（3）价值体现

提高客户转化率：精准定位目标客户，显著提高产品推荐的成功率。

降低营销成本：通过数据分析锁定高价值客户，减少无效营销投入。

提升客户黏性：个性化服务满足客户多样化需求，提升客户黏性和忠诚度。

4. 数据资产驱动下的未来发展方向

（1）更高效的风控系统

未来，基于人工智能的自适应风控系统将更加普及，通过不断学习数据变化自动优化风险评估模型，实现全面覆盖和实时响应。

（2）更智能的反欺诈技术

区块链技术和联邦学习的结合将进一步提升数据安全性和隐私保护，在分布式环境下精准识别欺诈。

（3）更个性化的客户服务

结合自然语言处理技术和多模态数据分析，金融机构将实时捕捉客户情绪，提供更加个性化的服务和营销体验。

通过深入挖掘和应用数据资产，金融行业正在实现风险管理和客户服务的全面升级。在未来，随着数据技术的持续发展，数据资产的价值将得到进一步释放，为金融行业带来更大的商业价值与社会效益。

（二）零售行业数据资产的应用分析

零售行业是数据资产落地的重要领域之一，其应用贯穿从用户需求到供应链管理的整个价值链。随着市场竞争的加剧，零售企业通过深度挖掘和运用数据资产来实现业务创新，不仅提升了运营效率，还推动了个性化服务和市场竞争力的提高。

1. 用户画像：深入了解消费者行为

面对日益多样复杂的消费需求和消费行为，零售行业传统的客户细分方法已无法满足精准营销的需求。企业需要更全面、更精细化的用户画像来分析消费者的行为偏好和购买意图。

（1）数据资产的应用

用户画像的构建依赖于对海量消费数据的整合和分析，主要包括以下方面。

多维度数据整合：将客户的线上购物记录、线下消费数据、社交媒体行为数据、忠诚度计划参与情况等进行整合，形成完整的数据视图。

消费者行为建模：通过机器学习技术分析客户的购物频率、品类偏好、品牌忠诚度等，构建消费者行为模型。识别高频购买者与偶尔购买者的行为差异。

细分市场策略：根据客户画像细分市场，如价格敏感型客户、品牌追随者、环保消费群体等，为不同客户群体制定差异化营销策略。

（2）应用案例

某国际零售企业通过大数据技术构建了细化到个人的用户画像体系。这样它们就能够通过电子邮件推送个性化促销信息，邮件点击率提高了 50%，订单转化率提升了 30%。

（3）价值体现

精准营销：了解消费者需求，减少无效的营销支出。

提升客户体验：通过个性化服务提高客户满意度与忠诚度。

驱动产品创新：用户画像提供了真实的消费者需求，为产品改进和开发提供了数据支持。

2. 动态定价：优化收益管理

价格是影响消费者决策的核心因素。传统的静态定价模式难以应对市场供需变化和竞争环境的波动，定价过高影响销量，定价过低损害利润。

（1）数据资产的应用

动态定价是一种基于实时数据分析的价格优化策略，其核心在于数据驱动的决策过程。

市场供需分析：收集市场供需数据，包括竞争对手价格、产品库存水平、消费者需求变化等，分析定价对销量的影响。

客户价值评估：根据消费者购买历史和忠诚度，评估客户对价格敏感度的差异，为不同客户群体制定差异化的价格策略。

实时价格调整：结合实时销售数据和外部环境变化（如季节性需求、促销活动等），动态调整价格以最大化利润。在库存积压时降低价格以促进销售，或在需求旺盛时适当提价。

（2）应用案例

某在线零售商通过动态定价系统，根据竞争对手价格、库存水平和消费者点击率等情况，实时调整产品价格。结果显示，这种方式使其毛利率提升了15%，库存周转率提高了20%。

（3）价值体现

提升盈利能力：通过精细化定价策略，实现利润最大化。

提高市场竞争力：动态调整价格，快速响应市场变化，增强竞争优势。

优化库存管理：利用价格杠杆加速库存周转，降低积压风险。

3. 供应链优化：提升运营效率

零售行业供应链管理复杂且易受外部因素影响，如需求波动、物流延迟和成本上涨。传统的供应链管理依赖经验判断，难以高效匹配供需关系，导致资源浪费和运营效率低下。

（1）数据资产的应用

供应链优化依赖于对全链条数据的实时采集与分析，以提高各环节的协同效率。

需求预测：通过历史销售数据、季节性因素、促销活动和市场趋势等，预测未来的需求变化，从而优化库存备货计划。

库存管理：实时跟踪库存状态，结合销售数据分析库存周转率，自动触发补货或削减多余库存等操作。

物流优化：借助运输数据进行路线分析并运用实时跟踪技术，优化物流路径，降低运输成本，减少延误风险。

（2）应用案例

某零售巨头通过部署供应链管理平台，将门店销售数据与供应商生产数据进行实时对接，成功实现了库存透明化管理和自动补货功能。结果显示，商品缺货率降低了30%，物流成本降低了20%。

（3）价值体现

减少资源浪费：有效避免库存积压和商品缺货现象，提高资源的利用效率。

提升响应速度：供应链的可视化和自动化极大提高了对市场变化的反应能力。

降低运营成本：通过优化物流和库存管理，显著降低供应链成本。

4. 客户忠诚度计划：数据驱动的长期关系维护

在零售行业，获取新客户的成本远高于维护老客户。然而，传统的忠诚度计划往往效果有限，难以激发老客户持续的消费热情。

（1）数据资产的应用

现代客户忠诚度计划通过数据分析实现精准化和个性化服务。

消费行为分析：基于客户购买历史和频率，设计差异化的奖励机制，如为高频购买者提供额外积分或专属折扣。

个性化激励：根据客户偏好推送定制化的奖励，如专属优惠券、生日礼品或 VIP 服务。

效果追踪与优化：对忠诚度计划的效果进行数据分析，如客户参与率、二次购买率等，从而优化激励策略。

（2）应用案例

某零售商推出了一项基于数据分析的会员计划，根据客户的购买行为和偏好提供个性化积分奖励。该计划实施后，会员客户的年均消费额提高了 25%。

（3）价值体现

提高客户黏性：通过个性化服务，增强客户与品牌的情感连接。

增加消费频率：忠诚度计划的激励机制促进客户重复消费。

获取更多数据：通过会员计划获取更多关于客户行为和偏好的数据，为进一步优化营销策略提供支持。

5. 未来发展方向

（1）全渠道数据整合

零售行业要实现线上线下数据的无缝对接，打造统一的客户视图，以更全面地了解消费者行为。

（2）人工智能与自动化

结合人工智能技术，实现更高效的需求预测、动态定价和个性化服务。

（3）数据安全与隐私保护

随着数据资产应用的扩大，零售行业需要加强数据的安全管理，以确保消费者隐私不受侵犯。

通过对数据资产的深度挖掘与应用，零售行业正在实现全方位的数字化转型。从用户到供应链优化，每一个环节都展现了数据资产的强大驱动力。未来，随着数据技术的进一步发展，零售企业将获得更多创新机会，构建更高效、更敏捷的业务模式。

（三）制造业数据资产的应用分析

制造业作为国民经济的重要支柱行业，其数字化和智能化转型离不开数据资产的深度应用。通过数据驱动的智能制造，企业能够在设备监控、预测性维护、生产流程优化等领域实现效率提升和成本降低。

1. 设备监控：保障生产连续性的核心

制造设备是生产的核心资产，其性能和稳定性直接关系到产能和质量。然而，传统设备管理依赖人工巡检和经验判断，存在反应迟缓、维护成本高等问题。设备停机不仅影响生产计划，还可能造成严重的经济损失。

（1）数据资产的应用

通过物联网技术和传感器，制造企业可以实时采集设备运行数据，包括温度、压力、振动频率等关键参数。以下是数据资产在设备监控中的具体应用。

实时状态监控：借助数据采集与可视化平台，企业可对设备运行状态进行24小时监控，快速识别异常指标，如设备过热或振动过大。

设备健康评估：通过历史运行数据分析，结合设备使用年限、运行负载等因素，评估设备的健康状况，进而对其在未来可能出现的性能衰退情形予以科学预测。

远程监控与控制：利用联网设备数据，企业可实现设备的远程管理，及时调整设备参数或启动备份流程，以降低故障发生的概率。

（2）应用案例

某大型钢铁制造企业通过部署实时监控系统，对全厂设备运行数据进行动态采集和分析。该系统实施后，设备故障率下降了30%，生产停工时间缩短了20%。

（3）价值体现

提升设备利用率：通过实时监控，缩短设备闲置时间。

降低维护成本：避免因过度维修或故障维修导致的不必要支出。

保障生产稳定性：快速响应异常情况，减少对生产计划的干扰。

2. 预测性维护：降低非计划停机的利器

对于制造业而言，设备维护有着举足轻重的地位。传统的定期维护模式通常以时间为维度，忽略了设备实际运行状态。这种“一刀切”的方法不仅浪费资源，还可能因为未及时维护而导致故障突发。

（1）数据资产的应用

预测性维护是通过对设备运行数据的深度分析，提前预测潜在问题，避免突发性故障。以下是其关键应用场景。

故障模式识别：基于设备传感器数据，结合历史故障案例，通过机器学习算法识别设备故障的早期信号。如电机振动频率异常可能是轴承磨损的前兆。

剩余寿命预测：利用设备的历史使用数据和运行环境参数，预测设备的剩余使用寿命，为维护计划提供科学依据。

动态维护计划：根据预测结果，优化设备维护时间和内容，以确保在设备出故障前完成维修。

（2）应用案例

某汽车制造商部署了一套预测性维护系统，通过对机器人手臂运动数据进行分析，发现其部分部件有磨损趋势。系统提前进行了更换，避免了生产线停工，单次维护节省成本高达数十万美元。

（3）价值体现

减少非计划停机：预测性维护将设备停机风险降至最低。

提高生产效率：优化维护时间，避免影响生产周期。

延长设备寿命：精准的维护计划避免了设备的过度使用和磨损。

3. 生产流程优化：释放产能潜力

制造业的生产流程通常涉及多个环节，任何一个环节的效率降低都可能导致整体效率的下降。传统的流程优化主要依赖于经验判断和有限的统计数据，难以应对复杂的生产环境。

（1）数据资产的应用

通过生产过程中的数据采集与分析，制造企业发现了流程中的“瓶颈”问题并进行优化。以下是具体应用场景。

瓶颈分析：通过对生产环节数据的跟踪与分析，识别产能“瓶颈”问题所在。如在流水线作业过程中，某一工序的平均处理时间明显高于其他工序。

资源分配优化：基于订单需求和生产能力数据，优化人力、物料和设备的配置，从而减少了资源浪费。

动态排产：结合实时数据和订单优先级，动态调整生产计划，快速响应市场需求变化。

（2）应用案例

通过引入大数据分析平台，某电子产品制造商对生产线数据进行全面优化。通过瓶颈分析和动态排产，生产线整体产能提升了15%，交付时间缩短了20%。

（3）价值体现

提升生产效率：减少不必要的等待时间和重复操作。

降低运营成本：通过合理的资源分配，减少能源和人力浪费。

增强市场响应能力：快速调整生产计划，以满足客户需求变化。

4.供应链优化：提升整体运营效能

（1）背景与挑战

制造业的供应链管理涵盖采购、生产、库存、物流等诸多环节，其体系复杂，对数据的依赖程度极高。然而，传统供应链管理存在数据孤岛现象，导致信息传递不畅、库存积压或缺货现象频发，给企业运营带来诸多挑战。

（2）数据资产的应用

通过对供应链全流程数据的整合与分析，企业能够实现供应链的全面优化。

需求预测：根据历史订单数据和对市场趋势的研判，预测未来需求，有效规避库存积压和短缺的情况。

库存管理：结合实时库存数据和销售情况，对库存结构予以优化，力求实现零库存或低库存的高效运营模式。

物流效率提升：利用运输和仓储等相关数据，优化物流路线和配送计划，减少运输成本和缩短运输时间。

（3）应用案例

某消费电子企业着力构建供应链数据平台，成功整合了供应商、制造商和零售商的数据资源，显著提升了物流效率和库存周转率。该企业运营成本降低了10%，客户满意度提升了15%。

（4）价值体现

降低成本：通过库存和物流的优化举措，减少不必要的费用支出。

提升协同效率：数据共享和透明化有效增强了供应链各环节之间的协同合作能力。

增强市场竞争力：敏捷高效的供应链提升了企业在市场中的响应速度。

数据资产正持续为制造业注入新动力，从设备管理到流程优化等多个方面，为企业带来了显著的效益和竞争优势。随着技术的不断发展与演进，制造业必将在数据驱动的智能化道路上稳步前行，实现更为高效、更具可持续性的发展。

三、数据驱动的业务转型

（一）推动智能化转型

数据资产是企业实现智能化转型的核心动力，能够通过数据分析与自动化技术重塑企业的业务流程，提升运营效率和决策精准性。

1. 数据分析赋能业务优化

企业运用大数据技术对生产、运营、销售等环节产生的数据进行深度分析，从中发现“瓶颈”问题与可改进的空间。通过销售数据的细致分析，能够优化库存管理；通过深入分析生产数据，有力推动生产线效率的提升。

2. 自动化技术提升效率

基于数据资产所构建的自动化技术，能够有效降低对人工操作的过度依赖，推动业务流程向智能化方向转型。在制造业领域，通过引入自动化生产线，并结合实时数据监控和反馈系统，能够实现柔性生产的目标；在金融行业，自动化审批系统与客户行为数据的有机结合，能够提高贷款的审批效率。

3. 实时决策能力增强

数据资产有力支撑企业达成数据驱动的动态决策模式。以零售企业为例，其通过对消费者行为数据进行实时分析，快速调整促销策略，进而有效提升销售转化率；物流企业借助实时的数据跟踪，及时优化配送路线，成功降低了运营成本。

4. 智能化客户服务

借助数据资产与人工智能技术的深度融合，企业能够为客户提供个性化、智能化的服务体验。电商平台通过分析消费者的购买历史与偏好，精准推荐相关商品；银行则通过智能客服系统，根据客户问题和情绪状态的精准分析，为客户提供精准的金融服务。

（二）支持全渠道运营

通过数据资产的全面整合与深入分析，企业能够巧妙打破不同渠道之间的壁垒，实现线上线下的无缝对接，全方位提升客户体验。

1. 数据打通线上线下渠道

企业对线上和线下的客户数据、交易数据以及行为数据进行有机整合，构建起统一的数据平台，从而打破信息孤岛。在零售行业，企业借助数据平台，将门店消费记录与线上购物数据关联起来，进而成功绘制出全渠道用户画像。

2. 个性化全渠道营销

针对不同渠道以及用户多元化需求，数据资产为企业设计了个性化营销策略。例如，服装品牌可通过线上数据分析，精准把握消费者偏好，进而在门店中优化商品陈列或提供定制化服务。

3. 客户旅程无缝衔接

借助数据资产对客户旅程信息进行整合，企业能够为消费者打造无缝衔接的购物体验。消费者在线上下单后，可选择线下自提，同时享受门店提供的额外服务；客户在线咨询后，线下销售人员能够实时获取客户的需求和历史记录，从而提供精准的服务。

4. 提升全渠道供应链效率

在优化全渠道供应链管理的过程中，数据资产发挥着重要作用。零售商借助数据预测需求变化，科学协调线上和线下库存资源；物流企业则通过数据跟踪，优化配送策略，最终实现更为高效的订单履约交付。

（三）创新商业模式

数据资产强力推动企业从传统的产品销售模式向数据驱动的服务模式转型，进而创造全新的商业价值增长点。

1. 从产品销售到服务订阅

企业利用数据资产构建服务化运营模式。制造企业借助设备传感器所采集的数据，为客户提供预测性维护服务，成功将一次性设备销售转变为长期订阅服务模式；软件公司则通过深度分析用户使用数据，为用户提供个性化功能模块与定制化服务内容，从而有效提升客户黏性。

2. 数据即服务

企业基于自身的数据资产，向其他企业提供数据服务。例如，物流公司借助运输数据，为零售商提供极具价值的供应链优化建议；金融机构则通过对客户数据的分析，向企业客户推荐潜在目标客户。

3. 数据驱动的产品创新

企业充分利用数据资产对市场需求进行精准预估，从而开发出更符合消费者实际需求的产品。消费品企业通过对社交媒体数据以及销售数据进行分析，迅速捕捉流行趋势，及时推出新产品；汽车制造商通过车辆运行数据，持续优化产品的设计和性能表现，全方位提升用户体验。

4. 精准定价模式

数据资产支持企业设计更为灵活的定价模型。通过深入分析客户的购买力、消费行为特征和市场供需关系变化，动态调整产品价格；共享经济平台更是通过数据技术分析，巧妙优化高峰期与闲时的定价策略，有效提高资源利用率并增加平台收益。

综上所述，数据资产作为企业数字化转型的核心资源，从智能化转型到全渠道运营，再到商业模式创新，为企业提供了持续增长的动力与竞争优势。

第十二章
公共数据资产运营

公共数据的运营模式和应用不仅涉及数据的开放与共享，还涵盖如何在社会治理、公共服务和产业发展中将价值发挥到极致。通过多维度的深入分析和具体的应用案例，我们可以看到公共数据在各类不同场景中的潜在效能，以及它如何推动创新和社会变革。

一、公共数据有什么不同？

公共数据主要是指由政府、公共机构或社会团体生成，并面向公众开放以供其使用的数据资源。这类数据通常具有显著的社会价值，能够为公众服务、商业活动以及科研创新提供支持。公共数据涵盖的领域极为广泛，如人口统计、环境监测、交通运行、医疗健康等，已然成为促进社会发展的重要资源。公共数据的特征如下。

（一）开放性

公共数据的核心特征之一是开放性。其数据资源通常以免费或低成本的方式来提供，以便社会各界能够顺利获取和使用。这种开放性主要体现在以下几个方面。

1. 公开获取

政府或公共机构通过数据门户网站或开放平台，向公众发布可供使用的数据集。例如，各国政府的统计局通常会定期发布经济、就业、教育等统计数据。

2. 可再利用

公共数据通常是以开放的标准格式来进行发布，如此一来，企业、研究机构或个人能更便捷地进行二次开发和深度挖掘工作。例如，开放的交通数据可以被开发成导航或共享出行之类的服务项目。

3. 透明性保障

开放性政策的另一个目标还在于提高政府和公共机构的透明度，通过数据公开来接受公众监督和评价。

（二）公益性

公共数据始终以服务社会发展为主要目标，其公益性主要体现在以下几个方面。

1. 支持公共服务

公共数据为公共管理和社会服务提供了重要支撑。例如，环境监测数据能为制定污染治理政策提供依据；人口统计数据则可以为规划教育、医疗资源分配提供参考。

2. 促进社会公平

由于公共数据是以免费或低成本的方式提供的，极大降低了中小企业、非营利组织以及个人获取数据资源的门槛，从而促进了社会资源分配的均等化。

3. 推动科研创新

公共数据为学术研究和技术开发奠定了重要基础。例如，气象数据为气候变化研究提供了长期且持续的观测支持；交通数据为智慧城市建设提供了关键的决策依据。

（三）多样性

公共数据所涵盖的领域非常广泛，其内容形式也呈现多样化的特点，能够满足不同应用场景的需求。

1. 跨领域覆盖

公共数据涉及以下众多不同领域。

人口领域：人口普查、人口密度、出生率等相关统计数据。

环境领域：空气质量、水资源分布、温室气体排放监测等数据。

交通领域：实时路况、公共交通线路、物流流量等数据。

经济领域：GDP 增长率、通货膨胀率、行业产值等数据。

2. 多类型数据形式

公共数据既包括结构化数据（如统计表格），也包括非结构化数据（如图像、视频、传感器数据等）。例如，交通数据可以实时流量图或动态定位数据的形式予以提供。

3. 时间和空间维度

公共数据通常具有时间序列或地理空间属性。例如：历史气象数据可以被用于分析长期气候变化趋势；区域人口密度数据可以辅助城市规划工作的开展。

公共数据的特征充分彰显了其在社会发展进程中的重要作用。通过开放性政策的实施，公共数据不仅提升了社会透明度，还借助公益性有力地支持了公共服务与社会创新。多样性的特征进一步确保了公共数据能够广泛应用于各类场景之中，从而为经济、环境、科技等诸多领域注入新动力。

二、公共数据的共享机制

公共数据的共享机制是实现数据开放和有效利用的关键环节，旨在为社会各界提供高效、安全的获取和使用途径，切实保障数据的隐私性与安全性不受任何侵害。

（一）开放数据平台

开放数据平台是公共数据共享的重要载体，通过搭建在线平台，政府或机构可以将公共数据向公众开放，以满足不同用途的使用需求。

1. 定制化开放平台

政府或机构根据数据所属的领域和用户需求，有针对性地开发专门的数据开放平台。

（1）全球性数据平台

世界银行所设立的数据开放平台，其提供了涉及经济、教育、环境等多个领域的全球统计数据。

（2）国家级数据平台

如美国的“Data.gov”和中国的“国家数据开放平台”，这类平台汇聚了各类政府统计与研究成果数据。

（3）地方性数据平台

地方政府通过构建区域性的数据门户，提供了如城市规划、交通运行、环境监测等具有鲜明区域特色的数据内容。

2. 数据分类与检索功能

平台通常会按照领域（如经济、教育、交通等）或数据类型（如表格、地图、API）对数据进行细致分类，并配备多样化的检索功能，从而方便用户快速精准地查找所需的数据信息。

3. 可视化与开发工具

众多开放平台还额外提供数据的可视化功能，这有助于用户以更直观的方式去理解数据所蕴含的信息。例如，世界银行平台支持用户直接生成图表，以清晰展示经济指标的动态变化趋势。此外，一些平台还提供开发工具包，以便于开发者快速将数据集成到自己所开发的应用程序中。

（二）数据获取途径

公共数据共享机制注重简化数据获取的流程步骤，通过多种不同的方式来提供便捷的访问途径，以满足不同用户的需求。

1.API 获取

API（应用程序编程接口）是公共数据共享的重要工具，它允许开发者直接调用数据服务，进而将数据动态集成到应用程序、研究项目或商业平台之中。

（1）优势

API 的突出优势在于其能实现数据获取的实时性和灵活性，用户可以依据自定义参数的方式来获取精准的数据集。

（2）典型案例

天气 API：提供实时的气象数据信息，支持天气预报、农业管理等场景。

交通 API：支持用户查询实时路况、公共交通线路和定位数据等。

2. 数据文件下载

平台通常会提供静态数据集的直接下载服务，并支持 CSV、Excel、JSON 等多种常用格式，以方便用户在本地进行分析和加工处理。

（1）适用场景

静态下载适用于那些需要一次性获取完整数据的用户群体。例如，科研人员在开展课题研究时，需要下载大量的历史统计数据。

（2）常见案例

像联合国数据中心这类开放平台就提供年度人口统计数据的批量下载服务。

3. 开放数据竞赛与合作项目

部分机构通过举办数据竞赛或开展开放科研合作项目的形式来实现数据共享。这种独特的数据共享模式不仅能够提供数据，还能够借助特定场景充分激发用户对数据的深度挖掘使用和创新性应用。

（三）保障机制

公共数据在共享过程中，既要秉持开放原则，又务必重视规范化与安全性。其保障机制主要涵盖共享协议、隐私保护以及访问管理与监控等方面。

1. 数据共享协议

制定明确的数据共享协议是公共数据开放的基础，该协议旨在精准确定数据的使用范围、责任界定以及合法性等关键要素。

（1）使用许可声明

需要清晰界定用户在使用数据时的权限。例如，明确规定用户不得将数据用于非法用途或未经授权的商业开发。

（2）使用责任约定

要求用户对其使用行为负责，并承诺保护敏感数据，坚决杜绝隐私信息的泄露。

2. 隐私保护政策

公共数据往往可能涉及个人或机构的隐私信息，必须通过以下方式予以有效保护。

（1）数据脱敏处理

对原始数据实行脱敏操作，例如移除姓名、地址等敏感信息，在最大限度地降低隐私风险的同时，充分确保数据依然具有可供使用的价值。

（2）聚合数据发布

对敏感数据采取以聚合形式发布的策略。例如，将个体医疗数据汇总整合为区域性统计数据，从而避免个体隐私的直接暴露。

3. 访问管理与监控

公共数据平台需要通过访问权限管理和数据使用监控等手段，防范数据滥用或违规行为发生。

（1）权限分级

根据用户角色的不同来分配访问权限。一般而言，公众用户只能访问基础数据，研究机构和企业用户可以申请访问更详细的数据。

（2）访问日志记录

记录用户的访问和使用情况，一旦出现违规行为，便可以依据这些日志记录迅速追溯并及时采取措施。

公共数据共享机制通过构建开放数据平台、设立灵活多样的数据获取途径以及制定完善的保障措施，最大化地实现数据的社会价值；与此同时，确保共享过程的安全性与规范性。这种机制不仅有力地促进了数据资源的高效利用，也为社会创新和公共服务提供了重要支撑。

三、公共数据的运营模式

公共数据的运营模式直接决定了其在社会、经济和商业领域的应用方式。依据目标导向的差异和自身资源特性的不同，大体可分为公益性运营、市场化运营和合作型运营三种主要模式，且每种模式在具体实践中都有其独特的价值和与之相适配的场景。

（一）公益性运营

公益性运营模式以社会价值为核心，其主要目的在于借助免费开放的数据资源，支持科研、教育以及社会公益活动。这种运营模式强调了数据所产生的社会效益优先于经济效益，并在社会公共服务、公益事业等领域得到广泛应用，从而助力社会发展。

1. 运营特点

（1）免费或低成本开放

公益性运营的核心在于最大限度地降低了数据获取门槛。通常情况下，会以免费或仅收取象征性费用的形式向外界提供数据。这种开放策略能够确保更多的机构和个人可以便捷地获取并使用数据，从而有力推动社会效益的广泛产生与实现。例如，许多国家的政府部门会将公共交通、气象、地理等数据集以公开的方式予以发布，以供公众和相关机构免费使用。

（2）支持非营利性应用

公益性运营模式主要聚焦于对非营利性应用的支持，其目标是为教育机构、研究机构以及公益组织提供高质量的公共数据，以便开展社会问题研究、制定公共政策以及实施公益项目。这些数据通常被要求具有较高的可信度和可靠性，以满足学术研究和政策制定的需求。

（3）数据质量保障

为了充分确保数据在公益性应用中的有效性，数据提供方一般会高度重视数据的质量把控与更新频率维持，从而避免数据因过时或错误而影响应用效果。例如，统计局所发布的人口数据会定期更新，并确保准确性，以供研究者使用。

（4）隐私与安全保护

尽管在公益性运营模式下，数据是以开放为目标导向，但数据的隐私与安全始终都是不容忽视的重要考量因素。尤其是涉及个人隐私的数据，通常会采取匿名化或其他一些行之有效的保护措施来加以妥善处理，以此来切实保证在数据开放的同时，不会出现敏感信息泄露的风险。

2. 应用场景

（1）科研支持

科学研究工作对高质量数据的依赖性非常强，许多学术研究和技术创新的突破都建立在丰富的数据基础之上。

气象研究：研究人员需要获取全球气候数据来分析气候变化的趋势走向，从而制定相应的适应性政策。许多国家的气象部门会将实时气象数据免费提供给各类科研机构，以支持全球气候模型的开发。

流行病学研究：在流行病学研究过程中，公共健康数据和疾病传播数据为疫情防控措施的制定提供了关键支持。例如，新冠疫情期间，许多国家开放了确诊病例的分布数据，为疫苗开发和疫情预测提供了数据资源。

基础学科研究：物理、地理、生物等基础学科的研究，往往需要大量高精度的公共数据作为研究支撑，如地质勘测数据、环境污染数据和海洋监测数据等。

（2）教育资源开发

教育领域的创新发展和进步离不开数据的支持。通过实施公共数据的开放策略，可以为教育资源开发和教学模式创新提供丰富的素材资源。

开放教育资源：许多教育机构利用公共数据来开发开放教材和教学工具。例如，基于气象数据和地理数据所开发的模拟教学工具，能帮助学生更直观地理解复杂的自然现象。

研究能力培养：通过为学生提供可自由访问的数据集资源，极大地促进学生的数据分析能力以及研究能力。例如，经济学专业的学生就可以使用开放的经济统计数据来进行市场预测和政策评估练习。

数据驱动教学：通过将真实数据引入课堂教学过程中，可以让学生更为真切地了解数据在实际应用场景中的具体运用方式和重要作用。例如，在统计学课程中，可以引入公共卫生数据来开展回归分析练习，这样能够提高学生的实际操作能力。

（3）公益项目实施

在公益性运营模式下，公共数据起到了基础性支撑作用，特别是在扶贫、环保、健康等领域。

扶贫项目支持：精准扶贫工作的有效推进，高度依赖于基于人口统计数据和经济数据的分析。通过分析特定地区贫困人口的分布状况以及收入情况等，制定有针对性的扶贫政策。例如，某些国家的统计局会将这些数据向社会公开，以支持非政府组织开展扶贫项目。

环境保护：环境监测数据在整个生态保护中具有重要作用。以空气质量监测数据为例，这些数据能够为环保组织精准定位污染源提供极为关键的线索，进而帮助其制定与之相适配的治理措施。与此同时，将环境数据向社会公众开放，能够有效提升公众对于环保行动的参与度与关注度。

健康保障：医疗和健康领域所开展的公益项目，离不开公共健康数据的有力支持。通过将疾病分布情况和医疗资源数据进行开放共享，可以帮助公益组织优化医疗资源分配，为偏远地区提供更好的医疗服务。

3. 典型案例

（1）联合国开发计划署（UNDP）：开放数据支持科研

联合国开发计划署通过其全球开放数据平台，向世界各地的科研机构和政策制定者提供高质量的数据支持，特别是在气候变化和贫困研究领域。

气候变化研究：在应对气候变化相关的科研项目中，UNDP 所提供的全球气候数据集涵盖了极为丰富的内容，包括气温、降水量、极端天气事件的历史记录以及先进的预测模型。这些数据是许多科学研究的基础。例如，在非洲地区的气候适应性研究中，研究人员利用 UNDP 所提供的数据资源，深入分析干旱对当地粮食生产所造成的影响，并在此基础上成功开发出了适合当地条件的抗旱作物品种。基于这些研究成果，当地政府得以更加科学地制定农业政策，为粮食安全提供保障。

贫困研究：UNDP 的数据平台为全球贫困地区同样提供了翔实的数据支持。该平台开放了关于贫困人口分布、资源配置情况以及社会经济发展水平等多方面的统计数据。在东南亚地区的研究中，社会学家利用这些数据分析了贫困人口的地理分布与公共资源投入之间的关系，进而为该地区精准扶贫政策的制定提供了科学依据。研究表明，合理的资源分配模式能够有效降低贫困发生率，而这些研究成果也为多个国家和地区的扶贫工作提供了参考。

综上所述，UNDP 通过开放这些高质量数据资源，使全球科研机构能够更好地研究和应对气候变化和贫困等全球性挑战，为社会问题的解决提供了以数据驱动为核心的科学方法。

（2）中国：国家教育资源公共服务平台支持教育资源开发

国家教育资源公共服务平台是中国政府建设的公益性数据共享平台，旨在促进教育公平与创新，为教育资源的开发整合以及教学模式的优化升级提供了极为重要的数据支撑。

教育资源开发：该平台汇聚并提供了关于区域经济发展、人口分布和教育资源配置等大量数据集，以供研究机构和教育政策制定者使用。在西部地区教育资源优化项目中，研究人员利用该平台所提供的教育资源分布数据，深入分析欠发达地区的教师数量与学生人数的比例、学校基础设施情况等，从而提出了有针对性的资源分配建议。最终，政府根据这些建议，在重点地区适当增加了教师编制数量，并加大了教育投资力度，从而改善了教育资源不均衡的现状。

教学工具支持：除了在教育政策制定方面发挥重要支撑作用，该平台还为高校和中小学开发教育工具提供了便利。例如，北京某高校的数据科学专业充分运用该平台的经济和人口统计数据，开发了供学生使用的数据分析实验项目。学生通过这些真实的数据集进行经济预测和统计分析练习，不仅提高了自身的实践操作能力，还极大增强了他们对实际问题的理解。

这一平台通过开放公共数据，助力教育资源的公平分配与创新开发，为学生和教育机构提供了宝贵的资源支持。

（3）欧洲航天局（ESA）：支持公益项目实施

欧洲航天局所推行的 Copernicus 计划是全球最大的地球观测计划之一。这个计划通过免费开放多领域的遥感数据，广泛支持公益项目，特别是在环境保护和灾害管理中发挥了重要作用。

环境保护：海洋生态保护项目。在地中海沿岸开展的海洋生态保护项目中，非政府组织利用 Copernicus 计划所提供的海洋监测数据，包括水温、海洋污染物分布，以及浮游生物浓度等，得以精准识别海洋生态系统所面临的一系列关键问题。例如，部分组织利用这些数据成功发现了污染较为严重的区域，并据此提出了有针对性的优先治理计划。后续通过长期监测，他们评估了污染治理措施的效果，进一步优化了海洋生态保护策略。最终，这一项目极大地改善了地中海沿岸的海洋生态环境，为保护当地的濒危物种提供了坚实可靠的数据支持。

灾害管理：洪水风险预警系统。Copernicus 计划所获取的数据还在多个欧洲国家的洪水风险管理过程中得到充分应用。例如，在东欧某国开展的洪水预警项目中，当地政府和国际组织利用 Copernicus 计划所提供的实时地表变化监测数据，结合历史气候记录，建立了精准的洪水预测模型。借助这些数据，社区能够提前采取疏散措施，并对基础设施保护工作加以优化，进而显著降低了洪水来袭时所带来的生命和财产损失。

欧洲航天局通过其公益性的数据共享模式，使得 Copernicus 计划的数据广泛应用于环境保护和灾害管理项目中，充分展示了高质量开放数据在应对全球性社会问题中的重要价值。

（二）市场化运营

市场化运营模式是公共数据运营的一种重要形式，主要聚焦于具备高价值的公共数据资源，通过运用商业化手段来实现收益获取，以保障数据平台能够实现可持续发展，同时满足企业和个人对数据的多样化需求。

1. 运营特点

（1）数据商品化

市场化运营的核心要点在于将高价值的公共数据进行商品化处理。具体而言，政府部门或数据平台会针对交通、气象、经济统计等具有潜在商业应用价值的数据进行整理、分类，并将其转化为标准化或定制化的数据产品。这些数据产品通过授权许可、数据接口（API）调用等形式出售给企业或个人用户。而数据商品化的过程包括数据清洗、数据标准化和定制化开发等多个环节，以确保所转化的数据符合市场需求。

（2）灵活收费模式

基于数据类型和用户需求方面存在的差异，市场化运营模式通常会采用以下灵活的收费策略。

按量计费：这种方式比较适用于实时数据或需要动态调用服务的情况，如气象数据或交通流量数据等。用户需要按调用次数或数据传输量来付费。

年度订阅：主要是针对特定行业提供长期的数据访问服务，用户只需支付固定的年费便能获得全面的服务支持。

分级授权：根据用户的使用场景以及具体需求，为其提供不同级别的数据访问权限。以高精度地图数据为例，可能会面向普通用户提供基本版本的数据，而针对商业用户则提供分辨率更高的版本，并根据权限层级设定不同的价格。

（3）附加增值服务

除了数据本身，市场化运营模式通常还会结合以下各类增值服务来进一步提高附加收入。

数据分析服务：会为用户提供深入且专业的行业分析和预测报告，帮助企业更好地解读数据所蕴含的信息。

咨询服务：为用户提供定制化的数据解决方案和决策支持。

自动化工具支持：借助工具或平台对数据资源进行整合，以此提升用户使用数据的效率，如提供 API 集成以及数据可视化服务等。

2. 应用场景

（1）智慧城市建设

市场化运营模式在智慧城市建设中得到了广泛应用，特别体现在交通、地图和环境监测等领域。

交通流量数据：交通部门会将实时的流量数据进行商品化处理，通过 API 出售给如高德地图、百度地图等导航和出行公司。这些公司获取数据后，能够利用其对导航路径加以优化，让用户在出行过程中享受到更为便捷、高效的服务体验，同时也为整个智慧交通系统的建设提供有力的数据支撑。

高精度地图数据：测绘机构将高精度地图数据授权给自动驾驶汽车企业，用于辅助车辆在行驶过程中的导航以及决策工作。部分高精度地图服务商通过市场化运营模式，与无人驾驶企业建立了稳定且长期的合作关系。

环境监测数据：城市环保部门所提供的实时空气质量以及污染源数据，会被授权给空气净化器企业和环保科技公司，用于产品开发和环境治理方案设计。

（2）企业商业分析

企业通过购买市场化运营的公共数据来开展商业分析活动，以支持市场研究、战略制定和运营优化。

经济统计数据：企业利用国家统计局或第三方平台提供的行业经济数据，深入分析市场发展趋势，从而为产品定价和市场进入策略制定提供可靠的数据支持。

消费行为数据：零售企业基于授权的公共数据来源（如交通和人口流量数据），对消费者的行为模式展开分析，进而优化门店选址和营销策略。

供应链优化：物流企业通过购买市场化的物流动态数据，分析运力分布和需求波动情况，从而提升自身的运营效率。

（3）实时服务平台

市场化运营模式也在高频数据服务领域发挥着重要作用，为天气预报、物流优化、能源管理等商业服务奠定了坚实的数据基础。

气象数据服务：国家气象部门将高频更新的天气数据出售给航空公司、农业企业和物流平台等，帮助它们优化航线规划、种植计划和配送路径。用户通过实时数据接口获取最新气象信息，并结合历史气象数据开展趋势预测工作。

物流数据服务：通过市场化方式开放的实时物流数据，有力支持了物流企业开展运输路线优化和货物跟踪服务等工作。例如，大型物流公司通过订阅模式获取动态道路数据后，能有效缩短配送时间和降低燃料成本。

能源管理平台：电力和能源部门会将实时电力消耗数据进行商品化处理，为智能家居企业和工业用电企业提供数据支持，帮助其优化能源利用和降低能源成本。

3. 典型案例

案例 1：智慧城市——交通流量数据授权

北京市交通委员会通过市场化运营模式，将实时交通流量数据进行商品化，授权给高德地图、百度地图等本地导航和出行服务公司。企业利用这些数据提升用户体验的同时，也为市政管理提供了优化依据。

数据来源与服务形式：北京市交通委员会通过道路监控系统和信号

灯管理系统来获取实时交通流量数据，这些数据包括交通拥堵情况、车流速度、事故位置和信号灯动态变化等信息。这些数据通过开放 API 向企业提供数据服务，并采用年度订阅和按量计费这两种收费模式。针对那些对数据有较高需求的企业，还会提供定制化的数据解决方案，例如，针对区域重点道路的实时监测和深度分析服务等。

实际应用：高德地图和百度地图利用这些数据，为用户提供动态路径规划、交通拥堵预警和实时行车建议等贴心服务。当某段道路发生交通事故时，这些平台会迅速做出反应，及时调整推荐路线，从而有效减少用户因堵车而造成的时间浪费。对于网约车公司而言，这些数据可用于优化接单路径和司机调度，从而提升平台整体运营效率。

增值效益：授权的流量数据还为城市规划和交通管理工作提供了有力支持。北京市政府通过深入分析交通数据，能够精准识别出高拥堵区域，进而优化信号灯的调控策略，并规划新建道路布局。房地产开发商也会利用交通流量数据评估区域的出行便利度，并将其作为选址的一项重要参考指标。

案例 2：企业商业分析——经济数据订阅服务

全球顶尖咨询公司麦肯锡（McKinsey）通过订阅多个国际经济数据平台（如世界银行和国际货币基金组织的数据服务），获取关于经济增长率、行业趋势和市场需求等方面的数据，以此来支持客户的商业决策制定工作。

数据来源与服务形式：这些经济数据主要来源于政府机构、国际组织和行业统计机构，涵盖了 GDP 增长率、通货膨胀率、贸易流量等一系列核心经济指标。数据平台通常会提供分级授权服务，免费用户仅可访问基础数据，而高级订阅用户则能够获取高频更新和定制化的数据支持。麦肯锡通过订阅高级服务，获得全面的数据访问权限，并借助数据分析平台进行深度处理。

实际应用：在为一家全球领先的汽车制造商提供市场进入策略咨询时，麦肯锡充分利用经济数据平台所提供的区域经济增长预测以及消费支出结构等信息，深入分析东南亚地区对电动车的需求潜力。基于这些数据，麦肯锡为客户提出在几个经济增长迅速且消费结构优化的国家建立生产基地和销售网络的建议，帮助客户在新市场中取得快速突破。

增值效益：麦肯锡通过对经济数据的深度分析，形成了针对性极强的行业报告和投资建议，为企业的战略决策提供了科学依据。数据订阅模式不仅支持了咨询公司自身业务的扩展与延伸，也极大地推动了全球经济数据资源的高效流通和充分利用。

案例 3：实时服务平台——气象数据商业化

欧洲中期天气预报中心（ECMWF）通过市场化运营手段，将高频更新的气象数据提供给航空公司、物流企业和农业机构等，为它们的实时决策和运营优化工作提供有力支持。

数据来源与服务形式：ECMWF 对多颗气象卫星的数据进行整合处理，这些数据包括温度、湿度、降水量、风速等关键气象指标，并通过先进的分析模型提供短期、中期和长期的天气预测。气象数据通过实时接口的形式向用户开放，采用按调用次数收费的方式。此外，农业企业和物流企业还可以通过年度订阅服务，获取定制化的数据报表和历史数据分析等。

实际应用：航空公司利用 ECMWF 的实时气象数据航线进行优化，有效避免了恶劣天气可能带来的飞行延误和安全风险。物流企业依据动态天气预测信息灵活调整配送路径，最大限度减少雨雪天气对货运效率所造成的不利影响。农业企业则通过精准的天气预测来优化播种和收割时间，从而显著提高农作物的产量和质量。

增值效益：ECMWF 还会为用户提供针对特定行业的定制解决方案。例如，农业客户能够获得根据天气数据生成的专业种植建议报告，而物流客户则可通过可视化工具了解实时天气对运输的具体影响。这种附加服务不仅为用户创造了更多实际价值，也为数据平台带来了额外收入。

以上案例分别从智慧城市、企业商业分析和实时服务平台三个典型场景出发，全面展现了市场化运营的具体实践，充分彰显了公共数据在商业化过程中的灵活性和增值潜力。

（三）合作型运营

合作型运营模式是指通过公共数据与私营企业数据的联合运营，实现资源整合与优势互补。这种模式注重多方协作，共同应对社会问题，开发创新解决方案，为公共机构、企业和社会创造多维度的收益。

1. 运营特点

（1）数据资源整合

公共机构主要提供基础性和宏观性的数据，如人口、环境、健康等信息；而企业则侧重于提供微观层面的数据或技术支持，如行业数据、生产数据以及数据分析的专业能力。通过整合多方数据资源，合作型运营模式能够构建更为全面且完善的数据生态系统，从而为复杂问题提供更有利的解决方案。

（2）创新解决方案

合作型运营模式通过数据共享和技术协作，针对特定社会问题开发创新性产品或服务。在疾病预防领域，将公共卫生数据与医疗数据相结合，从而有力支持智能化健康管理系统；在污染治理方面，把环保数据与企业排放数据进行整合，能够推动精准的污染追踪与治理工作顺利开展。

（3）多方共赢机制

合作型运营模式始终强调多方共赢的理念。对于公共机构而言，通过合作能够显著提升其社会服务能力和水平；企业在数据合作的过程中，不仅能获得相应的商业价值，还能提升品牌效应；而公众则能从社会问题的高效解决中直接受益，实现社会效益最大化。

2. 应用场景

（1）健康数据平台

公共卫生部门与医疗机构及科技公司合作，共同整合多方数据资源，全力推动疾病预防、诊断和健康管理朝着智能化方向发展。

数据共享：公共卫生部门负责提供疫情监测数据和历史健康统计数据；医疗机构则提供患者的临床数据；科技公司予以数据处理与分析能力支持。

应用成果：基于这种多方合作所开发的健康数据平台，能够实现疫情传播趋势预测、推送个性化健康建议以及优化疾病预防与诊断系统。

（2）生态环境保护

环保部门与能源企业开展合作，借助数据共享推动污染控制以及碳排放管理工具的开发与应用。

数据共享： 环保部门提供环境监测数据，比如空气质量和水资源监测数据等；能源企业则提供排放量、生产工艺以及污染治理数据；科技公司提供先进的监测设备和数据可视化技术支持。

应用成果： 通过构建污染溯源系统，能够精准定位主要污染源，并据此设计出具有针对性的治理措施；碳排放管理平台则可以通过数据追踪和交易支持，帮助企业优化排放方案。

（3）教育资源平台

公共教育部门与在线教育平台密切合作，整合区域教育资源数据与学生学习行为数据，共同打造智能化教育资源平台。

数据共享： 教育部门提供区域教育资源分布数据和考试成绩数据；在线教育平台提供学生的学习进度和习惯数据；AI 公司则提供智能学习算法支持。

应用成果： 该平台能够为学生提供个性化学习方案，为教育机构优化教学内容提供精准的数据支持，同时还能有效促进教育资源在不同地区的均衡分配。

3. 典型案例

案例 1：COVID-19 全球健康监测与防控合作项目

在 COVID-19 全球大流行期间，多个国家的公共卫生部门、医疗机构和科技公司联合开展了一项合作型运营项目，共同建立全球健康监测平台，旨在提高疫情防控效率。此次合作全面整合了来自不同领域的数据资源和技术能力，有力推动了公共卫生管理工作向数字化和智能化方向快速发展。

合作内容： 世界卫生组织（WHO）和各国公共卫生机构提供了有关疫情传播趋势以及病例的详细数据，从而构建起了基础的监测框架体系。Google 和 Apple 贡献了匿名化处理后的移动设备定位数据，这些数据可用于精准追踪人群流动和社交接触情况，有助于识别潜在的疫情传播路径。此外，医疗机构积极分享了确诊患者的临床数据，包括病史、治疗记录和康复情况等，为疾病研究和疫苗开发提供了科学依据。

应用实践： 基于这些丰富且多元的数据资源，技术公司成功开发了多项数字化工具。疫情传播预测模型为各国政府的决策制定提供了有力支持，助力其优化防控措施以及资源分配方案。结合移动定位数据所开发的密切接触者追踪应用，显著提高了潜在感染者的发现效率，从而有效遏制了疫情大规模扩散。同时，疫苗研发团队利用共享的临床数据，加速了实验进程，从而在短时间内成功推出了有效的疫苗。

社会影响：这一合作不仅显著提升了各国的防疫能力，还为公众提供了更透明、更科学的疫情信息服务。科技公司通过贡献技术支持，不仅拓展了在健康管理领域的商业机会，还提升了企业的社会责任形象。医疗机构通过数据共享，拓展了学术研究的深度，为后续疾病防控积累了宝贵经验。

案例 2：碳排放监测与交易平台（欧洲碳交易体系 ETS）

面对全球变暖带来的严峻挑战，欧洲碳交易体系建立了一个合作型的碳排放监测与交易平台。通过政府、企业和技术机构之间的紧密合作，该平台能有效推动碳减排政策的落地与实施。

合作内容：欧洲环境署（EEA）提供了区域空气质量数据以及国家碳排放基准数据，为整个平台的运行奠定了坚实基础。参与碳交易的企业如实分享了其在实际生产活动中的排放数据，为碳交易市场提供了透明且可信的基础信息来源。同时，区块链技术公司精心设计了一个实时监测和数据存证系统，从而确保排放数据的不可篡改性和交易过程的高度透明性。

应用实践：该平台成功实现了碳排放数据的精准计算和实时监测，有力支持了各国政府科学设定排放目标并合理分配排放配额。企业通过平台积极参与碳排放交易活动，低排放企业可以将富余的碳排放额度进行出售，而高排放企业则可通过购买额度的方式实现合规排放。与此同时，平台的透明性和安全性增强了各方对碳交易体系的信任，从而有力推动了碳市场的快速发展。

社会影响：这一合作不仅提升了欧洲地区的碳排放治理能力，还为全球其他地区提供了实践经验；企业通过参与碳交易机制，不仅降低了自身的减排成本，还提升了品牌的绿色形象；公众则从减少的碳排放中直接获益，能够享受到更健康的生活环境。

案例 3：开放教育资源计划（OER）

开放教育资源计划是一项全球性的合作项目，旨在通过教育部门与科技公司的联合努力，为全球师生提供免费且高质量的教育资源，尤其是致力于改善教育资源分配不均的问题。

合作内容：公共教育部门在该计划中充分发挥主导作用，负责计划的内容设计和教学标准的制定工作，全力确保教育资源的科学性和规范性。科技公司则运用其数字技术优势提供强有力的技术支持，将传统教材和课程内容转化为多语言的数字化学习资源。与此同时，社区组织和学校也积极参与其中，纷纷贡献本地化的教育内容和实践案例，进一步丰富了资源库的多样性。

应用实践：通过这一计划的成功实施，全球多个地区的学生可以在线免费获取高质量的教材、课程视频和实践工具。例如，非洲一些资源匮乏地区的学生通过 OER 平台，能够接受到与发达国家同样水平的科学教育。同时，AI 技术被巧妙地应用于平台的个性化推荐功能之中，为学生提供符合自身学习进度和需求的教育资源。

社会影响：开放教育资源计划在促进教育公平方面取得了令人瞩目的成果，极大地缩小了不同地区之间的教育资源分配不均的差距。科技公司通过积极参与这一计划，有效扩大了其在教育行业的影响力与知名度，同时也增强了社会责任感。教育部门通过整合多方资源，提升了教育服务的质量和覆盖面，为全球教育事业的持续、健康发展提供了重要支撑。

公共数据的运营模式在不同应用场景下呈现出显著的差异特性。公益性运营侧重于追求社会效益的最大化，市场化运营则重点关注经济价值的创造与实现，而合作型运营则致力于通过多方协作的方式全力推动创新发展。这三种模式互为补充，共同构建了公共数据在社会经济领域中广泛应用的完整生态体系。

第十三章

数据资产运营的“工具箱”

一、数据分析工具

数据分析工具作为数据运营的重要技术支撑，能够帮助企业和组织有效管理、处理、分析数据，进而充分挖掘其潜在价值。依据不同的应用场景和功能需求，数据分析工具可被划分为多种类型，例如商业智能（BI）平台和统计分析软件。这些工具在数据可视化、预测性分析以及深度挖掘方面均发挥着极为关键的作用。

（一）工具类型

BI 平台：BI 平台聚焦于将复杂多样的数据转化为直观可视化的模型，以此协助企业进行高效精准的决策。常见的 BI 平台如下。

1. 阿里云 Quick BI

Quick BI 是一款集数据分析和可视化展示功能于一体的 BI 工具，其具备强大的数据整合能力，可实现数据的快速整合并支持动态展示，能够帮助企业管理者依据数据驱动做出科学决策。

2. DataV

DataV 专注于大屏可视化展示，特别适用于实时数据监控场景及业务汇报场景，能够对复杂数据进行可视化设计，且适用于多种行业场景。

3. Fine BI

Fine BI 是一款自助式 BI 工具，支持交互式仪表盘的设计制作并能够整合多数据源，极大地方便了用户开展高效的数据分析与可视化工作。

4. 统计分析软件

统计分析工具主要用于执行数据统计以及建模操作，通常被科研团队和商业分析团队使用。常见的统计分析软件和平台如下。

MaxCompute：MaxCompute 是一款大数据处理平台，支持大规模数据的存储和分析，特别适合处理海量数据集并执行较为复杂的统计计算任务。

阿里云机器学习平台（PAI）：该机器学习平台 PAI 提供了丰富的数据分析和建模工具，支持用户通过可视化的方式构建并训练机器学习模型，并适用于不具备编程背景的用户。

FineReport：FineReport 是一款数据分析工具，集报表制作与统计分析于一体，适合进行企业内的数据统计与汇报。

数据分析工具的多样化功能为企业的数据运营提供了全方位的技术支持。无论是数据的可视化展示、未来趋势的预测还是深度数据挖掘工作，这些工具都能助力企业更高效地从数据中提炼价值，并将其转化为实际的行动方案。

（二）功能

1. 数据的可视化

数据可视化是分析工具的核心功能之一，通过图表、仪表盘或地图等形式，直观展示数据的趋势和关系，帮助用户快速理解数据背后蕴含的信息。这种视觉化的表达方式能够使复杂的数据更易于理解，从而提高决策的效率和准确性。

（1）动态图表设计

动态图表是一种支持交互操作的数据可视化形式。用户可以通过点击、拖拽等操作方式与数据展开互动，从而获取更多信息。BI 平台（如 Tableau 和 Power BI）提供丰富的动态图表设计功能，用户可以利用这些功能创建出交互式的图表，通过调整参数或筛选条件实时查看数据变化。这一特性使得决策者可以快速获得不同维度的数据信息，尤其适用于那些需要频繁更新和分析数据的场景，如市场销售、客户行为等。

（2）仪表盘整合

仪表盘是一种整合多个关键数据指标的可视化工具，它可将不同的数据源和数据类型整合到同一个界面中，以此来实现对业务的全面监控。仪表盘整合的目的是协助管理者更为直观地了解业务的运行状况。例如，通过销售管理仪表盘可以实时展示地区销量、客户转化率等多个关键指标。这种实时性的数据监控功能，能使管理层快速察觉业务中存在的异常情况，并采取相应的行动。

（3）地图可视化

地图可视化是数据可视化中的一种特殊形式，特别适合与地理信息相关的数据分析工作。通过将数据依据地理位置进行展示，可以直观地查看不同地区之间的数据差异。企业可以借助地图展示各个地区的销售表现，从而帮助管理者深入了解市场渗透情况，并据此制定出更有针对性的市场策略。此外，地图可视化还适用于物流、资源分布等场景，有助于企业进行区域性分析和优化工作。

2. 预测性分析

预测性分析基于统计模型和机器学习算法，通过历史数据预测未来趋势和结果，帮助企业预见未来可能发生的变化，以便更好地开展资源规划和风险管理。

（1）时间序列预测

时间序列预测是预测性分析中最常用的方法之一，广泛应用于销售预测、库存管理、市场需求分析等场景。诸如 R 和 Python 支持的 ARIMA 和 Prophet 等时间序列模型，能够依据历史数据预测未来的变化趋势。这些模型通过对数据中的季节性、趋势性等模式进行深入分析，生成针对未来数据点的预测结果，帮助企业在动态变化的环境中进行前瞻性规划。

（2）回归分析

回归分析是一种用于探索因变量和自变量之间关系的统计方法，常被用于预测数值型结果。企业可以使用线性回归模型预测市场价格对销售额的影响，或者通过多元回归分析识别影响客户满意度的关键因素。这些回归模型通过定量分析的方式，帮助企业理解不同因素之间的相互作用关系，从而制定出更为有效的业务策略。

（3）分类与聚类

分类和聚类是数据挖掘中常用的方法，主要用于数据分组和特征提取。分类方法主要用于将数据点划分到预先定义好的类别之中，例如通过分类模型判断客户是否容易流失。而聚类则是一种无监督学习方法，能够帮助企业识别数据中的自然分组，例如将客户分成不同的价值群体，以便企业采取差异化的营销策略。BI 和统计分析工具（如阿里云 PAI、Python 等）支持多种分类与聚类算法，能够帮助企业进行客户分群、市场细分等应用工作。

3. 深度挖掘

深度挖掘功能借助复杂算法和分析模型，揭示隐藏在数据中的关联关系和模式，进而为企业的战略决策提供有力支持。

（1）关联规则挖掘

关联规则挖掘是一种用于发现数据集中元素之间关系的技术，常用于零售和电商领域。例如，通过对销售数据进行关联规则挖掘，可以发现“啤酒与尿布”这类有趣的关联现象，这些关联关系能够为企业进行交叉销售和促销策略的制定提供有益参考。常用的关联规则挖掘算法包括 Apriori 和 FP-Growth 等，它们可以从大量数据中有效地提取具有实际意义的模式。

（2）文本分析

文本分析是一种针对非结构化数据（如客户评论、社交媒体内容等）的深度挖掘方法。诸如 Python 的 NLTK 和 R 的 tm 包等工具提供了丰富的文本分析功能，能够对文本数据进行情感分析、主题建模等。企业可以利用文本分析了解客户对产品的满意度，识别常见问题，从而有效提高产品和服务质量。此外，文本分析还可应用于舆情监测领域，帮助企业快速响应市场动态变化。

（3）高级机器学习

高级机器学习模型涵盖随机森林、支持向量机（SVM）、神经网络等，这些模型可以用于解决复杂的分类、回归和识别等问题。通过机器学习技术，企业可以对大量数据进行深度学习和模式识别，应用于图像识别、语音分析、客户行为预测等多种场景。例如，零售企业可以通过机器学习模型预测客户的购买行为，从而实现个性化推荐，有效提高客户满意度并促进销售额的增长。R 和 Python 等编程语言提供了丰富的机器学习库，使得企业能够根据业务需求灵活构建并应用不同的模型。

数据分析工具的多样化功能为企业在数据运营中提供了全方位的技术支持。无论是可视化展示、未来趋势预测还是深度数据挖掘，这些工具都帮助企业更高效地从数据中提取价值，并将其转化为实际行动力。通过数据可视化，企业能够更直观地了解数据背后的意义；通过预测性分析，企业可以提前对潜在的市场变化做出有效应对；通过深度挖掘，企业可以及时发现隐藏的商业机会和风险，从而在激烈的市场竞争中保持领先地位。

二、数据管理平台

数据管理平台是企业数据运营的核心技术支撑，通过高效的数据存储、整合与管理，为数据分析和应用提供可靠的基础设施。根据不同的功能需求，数据管理平台可分为数据湖、数据仓库和数据集成平台三种类型，特点和适用场景各异。

（一）数据湖

数据湖是一种集中存储技术，能够容纳结构化、半结构化和非结构化数据，满足多样化的数据分析需求。它的灵活性和扩展性使得企业能够更高效地管理和利用海量数据，进而推动数据驱动型决策和创新。

1. 特点

（1）海量存储能力

数据湖具备强大的海量存储能力，能够对各类大规模数据进行存储，包括结构化数据（如数据库表格）、半结构化数据（如 JSON 和 XML 文件）以及非结构化数据（如文本、图像、音频、视频等）。数据湖的存储架构使其能够轻松应对不断增长的数据量，并支持实时流数据和历史数据的存储和管理。这种能力使企业能够在一个集中环境中保存所有类型的数据，而不需要考虑数据格式的限制。

（2）灵活的数据组织

数据湖通常采用扁平化的存储结构，不强制对数据进行预定义模式（Schema），使得数据存储更加灵活。这意味着数据在进入数据湖时不需要进行复杂的预处理或建模，就可以直接以原始形式进行存储，从而提高数据的获取速度和灵活性。由于没有固定的模式，数据湖可以轻松地接收不同来源的数据，适应性极强，特别适合那些需要频繁更新和变化的数据源。

（3）支持多种分析工具

数据湖与多种分析工具和框架集成良好，包括机器学习、数据科学、商业智能和数据挖掘工具。这些工具能够直接访问数据湖中的数据，并开展复杂的数据分析和挖掘任务。例如，数据科学家可以利用 Apache Spark、TensorFlow 等工具对数据湖中的数据进行处理和分析，从而训练机器学习模型进行深度学习。此外，数据湖还能够与 SQL 查询工具集成，为数据分析师提供熟悉的查询环境。

2. 适用场景

（1）实时数据流分析

数据湖能够存储并处理来自实时数据流的数据，例如 IoT 设备生成的传感器数据。这些数据可用于工业监控、预测性维护等场景。例如，在制造业中，数据湖可以存储来自机器设备的实时数据，结合机器学习算法预测设备的故障，帮助企业提前采取措施，减少设备停机时间，提高生产效率。

（2）非结构化数据管理

媒体公司、社交平台等需要处理和管理大量的非结构化数据，例如视频、图像和音频文件。数据湖可作为一个统一平台来管理这些数据，并支持相关的分析任务。媒体公司可以将所有的视频和图像数据存储到数据湖中，然后使用图像识别和内容分析工具进行内容推荐，或者通过 NLP 分析用户评论，以改进用户体验和优化推荐系统。

（3）大规模数据分析

数据湖为数据科学家和数据工程师提供了一个理想的平台，可以直接访问和使用原始数据进行分析、建模和实验。在金融行业，数据湖可以存储各种来源的数据，如市场交易数据、客户行为数据和经济指标等。

数据科学家通过访问这些数据来构建机器学习模型，以预测市场趋势、评估客户信用风险或者进行欺诈检测。同时，数据湖还支持大规模自然语言处理任务，例如对社交媒体上的大量文本进行情感分析，以获取用户对品牌或产品的实时反馈。

3. 数据湖的优势与挑战

（1）优势

数据湖具有极大的灵活性和扩展性，使企业能够将各种不同类型的数据汇集在一起，而无须对数据进行烦琐的转换和预处理，从而显著降低数据的存储和管理成本。此外，数据湖的开放架构使得企业可以利用最新的数据分析技术和工具进行探索和创新，这对于快速变化的商业环境至关重要。

（2）挑战

尽管数据湖具有强大的功能，但其管理和治理也是一项挑战。由于数据湖中的数据种类繁多且结构多样，如果没有合适的数据治理可能导致数据质量下降，甚至形成所谓的“数据沼泽”（Data Swamp），使得数据的使用变得低效。因此，企业在使用数据湖时需要制定合理的数据管理策略，包括数据分类、元数据管理以及访问控制等，以确保数据湖中的数据能够得到有效利用和管理。

数据湖治理的另一个挑战在于数据的可发现性和可理解性。由于数据湖中存有大量原始和未处理的数据，如果没有完善的元数据管理和数据目录，数据科学家和业务用户可能难以找到所需的数据集，这就会导致数据的重复存储和使用效率降低。而且，数据安全性也是数据湖治理中不可忽视的部分，特别是在存储敏感数据时，企业需要建立严格的访问控制和加密机制，以防数据泄露和未授权访问。

为了有效管理数据湖，企业需要运用多种工具和方法，包括数据编目工具（如 Apache Atlas、AWS Glue Data Catalog）和数据质量管理工具，以确保数据的可靠性和可用性。同时，建立清晰的数据责任制度，明确不同团队和个人在数据治理中的职责，也有助于提升数据湖的治理水平和数据利用效率。

数据湖的性能优化也是一项挑战。由于数据湖会存储海量的多格式数据，在执行复杂查询和分析时，可能会遇到性能瓶颈。为了解决这一问题，企业可以采用分区、索引和数据缓存等技术手段来提高数据查询效率。通过对大型数据集进行分区，减少每次查询的数据量，从而加快响应速度。利用适当的索引和数据压缩技术，可有效提高数据湖的读取和写入性能，确保在分析大规模数据时能够保持较高的处理速度。

数据湖的灵活性、海量存储能力以及对多种分析工具的支持，使其成为现代企业数据管理和分析的重要基础设施。通过合理的管理和治理，企业可以充分发挥数据湖的潜力，将海量数据转化为有价值的信息，从而在竞争中保持优势。

（二）数据仓库

数据仓库是优化的结构化数据存储平台，专注于高效的数据查询和分析，通常用于支持企业的运营决策。通过集成多个来源的结构化数据，数据仓库帮助企业进行深度分析，发现数据背后的价值，从而支持商业智能和数据驱动的决策。数据仓库在现代企业中扮演着关键角色，为决策层提供一致、可靠的数据信息，使得决策过程更加科学和高效。

1. 特点

（1）预定义数据结构

数据仓库采取高度结构化的存储方式，所有数据在加载前需要进行清洗、转换和建模，以确保数据的一致性和准确性。这一过程通常被称为 ETL，是数据仓库的核心步骤之一。对数据进行标准化处理，能确保数据仓库所有的数据都符合统一的格式和规则，从而方便用户进行跨区域、跨系统的数据分析。数据仓库中的数据通常经过严格的校验和建模，以便在后续分析中能够获得可信赖的结果。这种预定义的数据结构使企业数据能够确保其完整性和高质量。

（2）高性能查询

数据仓库通过索引、分区和并行处理等多种优化技术，提供极高的查询效率，非常适合处理大规模和复杂的查询任务。分区技术可以将大型数据集分为若干小部分，以加快查询速度；索引技术则可以有效地缩短数据检索时间；并行处理使得多个查询能够同时执行，大幅提升了响应速度。数据仓库通常采用列存储方式来提高查询效率，尤其适合对大规模数据集进行聚合和筛选操作。此外，现代数据仓库平台还集成了内存计算和智能缓存功能，以进一步提高响应速度和处理效率。这些特性使得数据仓库在执行涉及大量数据的多维分析（如 OLAP）时，能够提供快速响应和良好的用户体验。

（3）历史数据管理

数据仓库通常存储大量的历史数据，以用于长期的趋势分析和预测建模。这些历史数据能够帮助企业了解过去的业务表现，识别周期性趋势和模式，为未来的业务决策提供依据。与实时数据库不同，数据仓库更注重历史数据的累积和管理，从而为各种业务场景提供丰富的数据支持。企业可以使用这些数据进行年度的销售分析、客户行为追踪以及绩效评估等。历史数据管理还使企业能够对不同时间段的数据进行比较分析，发现趋势变化和潜在的改进机会。通过保留长期的历史数据，企业能够更加精准地预测未来的业务需求并制定相应的策略。

（4）数据集成与一致性

数据仓库通过整合来自不同数据源的数据，实现了企业信息的集中管理。所有进入数据仓库的数据都需要经过标准化处理和清洗，以确保数据的完整性和准确性。这种集成方式可以有效避免数据孤岛现象，使企业能够从整体视角进行数据分析。而且，数据仓库中存储的数据都是经过协调的，意味着不同业务系统的数据可以在仓库中被统一格式化，从而便于跨区域分析和综合利用。销售系统、供应链系统和财务系统的数据可以通过数据仓库集成在一起，从而提供全局的业务视图。

2. 适用场景

（1）商业智能分析

数据仓库是商业智能分析的重要基础。企业可以通过数据仓库整合销售、财务、客户关系管理等各个核心业务系统的数据，形成统一的数据源。这些数据被用于构建可视化的仪表盘，帮助管理层来理解业务状况，并快速做出数据驱动的决策。例如，销售部门可以通过仪表盘实时查看各地区的销售业绩，并据此调整市场策略。数据仓库将各类数据整合在一起，以确保数据的一致性和准确性，为商业智能工具提供可靠的数据支撑。此外，数据仓库还支持复杂的多维度分析，可以帮助企业从不同角度深度了解业务表现，如产品类别、地区市场和客户细分等。

（2）报表与 KPI 监控

数据仓库为企业提供定期生成的标准化报表和关键绩效指标（KPI）监控支持。这些报表可以以每日、每周或每月的形式，帮助企业持续监控业务表现。财务报表、库存报告、生产率报告等都可以通过数据仓库自动生成，从而减少了手动处理数据的工作量。同时，数据仓库还能够对 KPI 进行跟踪和监控，例如收入增长、客户保留率等指标，这些数据可以帮助企业及时发现问题并采取改进措施。通过标准化报表的自动化生成，管理者可以更高效地掌握公司运营状况，并快速应对市场变化。而且，数据仓库还支持自定义报表功能，使企业可以根据特定需求进行调整，以满足不同行业和部门的个性化需求。

（3）趋势预测

数据仓库中存储的历史数据，为企业开展趋势预测和预测性分析工作奠定了基础。企业可以借助时间序列等技术手段，对未来的销售额、库存需求等进行精准预测。例如，通过对历史销售数据的分析，企业可以清晰识别出季节性模式、增长趋势和异常波动情况，从而为企业未来的业务运营规划提供更具价值的依据。以零售企业为例，通过分析过去几年的销售数据来预测节假日期间的需求峰值，从而提前安排库存和促销活动，避免出现缺货或库存积压的情况。趋势预测不仅有助于库存管理，还可以用于客户需求预测和供应链优化。通过深入分析历史数据，企业可以预测哪些产品将受到客户的青睐，提前制订生产和物流计划，最大限度地满足客户需求。

（4）多维度数据分析

数据仓库还具备强大的多维度数据分析功能，支持对数据进行多维度的切片和钻取分析，这在应对复杂业务问题场景时具有显著优势。多维度分析允许用户从多个不同角度审视数据，如从时间、地理位置、产品线和客户群体等不同维度进行分析。这样可以帮助企业识别出关键影响因素并制定相应的战略。通过对销售数据的多维度分析，企业可以确定哪些地区和客户群体对销售增长贡献最大，从而更有针对性地分配资源和制定营销策略。

3. 数据仓库的优势与难题

（1）优势

数据仓库在企业数据管理与分析过程中展现出诸多显著优势。其卓越的数据集成能力，能够将不同来源的数据进行整合，使企业能够在一个统一的平台上开展分析工作，从而提高数据的可访问性和分析效率。所有数据在进入仓库前都会经过严格的清洗和转换过程，以确保数据的一致性和准确性，这对企业的运营决策至关重要。同时，数据仓库通过高效的索引和并行处理技术，能够快速响应复杂的查询需求，帮助企业在最短时间获取所需信息，大大提高了决策的及时性和灵活性。此外，数据仓库还营造了稳定且一致的数据环境，使分析结果具有高度的可靠性，为企业进行长期规划提供了坚实的数据支持基础。

数据仓库的另一大优势体现在其对复杂查询的优化能力上。通过使用分区、索引和并行处理等手段，数据仓库能够在较短时间内完成复杂数据的检索和分析，尤其适用于需要实时决策支持的场景。不仅如此，数据仓库通常与商业智能工具紧密集成，可以直接生成可视化的报告和仪表盘，以直观易懂的形式呈现给管理者，使其能够更便捷、更直观地了解业务表现，及时发现业务运营中的问题与潜在机会，为企业管理层进行战略规划和执行提供了强有力的工具支持。

（2）难题

虽然数据仓库在数据分析方面具有显著优势，但也面临一系列挑战和难题。数据仓库的建设和维护成本相对较高。构建数据仓库需要进行详细且复杂的数据建模和架构设计工作，这一过程往往需要投入大量的时间和人力资源。此外，由于数据仓库需要对数据进行清洗和转换，即ETL过程，而在数据源多样化的情况下，该过程可能会变得极为复杂，涉及大量的数据映射和转换规则制定。这些工作需要专业的技术支持和大量的技术投入，并且在数据源不断变化的情况下，ETL流程需要不断调整，以确保数据的正确性和一致性。

数据仓库主要面向结构化数据进行设计和应用，这使得它在处理非结构化数据（如视频、图像等）时存在一定的局限性，灵活性相对不足。为了应对这一挑战，企业通常会结合使用数据湖来处理非结构化数据，这一做法不可避免地增加了数据架构的复杂性。而且，数据仓库在查询优化和维护方面也需要专业的数据库管理员来进行调优和管理，以确保其在高负载情况下仍能保持良好的性能表现。

数据仓库还面临着数据治理和安全性方面的挑战。由于数据仓库集成了多个部门的数据，对数据的访问权限和使用必须实施严格管控，以确保敏感信息不会被未经授权的人员访问。同时，数据仓库需要符合GDPR 等相关法规和合规要求，这对数据管理提出了更高标准。因此，企业在构建和使用数据仓库时，必须制定详尽的数据治理政策，以确保数据的安全性和合规性。

数据仓库作为企业数据管理和分析的重要工具，具有高度结构化的存储方式和出色的查询性能，适用于大规模历史数据的整合和分析。通过与商业智能工具结合，数据仓库为企业运营决策提供了强有力的支持。不过，企业在构建数据仓库时，需综合考量建设成本、数据治理策略以及业务需求，如此方能发挥数据仓库的作用，为企业的数字化转型提供有力支持。展望未来，随着企业对数据分析需求的不断增加，数据仓库的功能和技术也将不断演进，为企业打造更高效、更智能的数据管理解决方案。

4. 推荐工具

（1）Amazon Redshift

Amazon Redshift 是一种云数据仓库，可支持 PB 级别的数据存储和快速查询。

（2）Google BigQuery

Google BigQuery 作为一种高性能数据仓库解决方案，支持实时查询和分析，适用于大规模企业。

（三）数据集成平台

数据集成平台旨在整合源自多个数据源的数据，实现一致性和统一性管理，保障企业数据的流动性和可用性。在现代企业环境中，数据往往分散在多个系统和平台中，数据集成平台的作用就是将这些数据统一起来，为企业构建全面的数据视图，从而增强数据的可用性和决策支持。借助数据集成平台，企业可以消除信息孤岛，实现数据的顺畅流转，促使业务更加敏捷高效地开展。

1. 特点

（1）多数据源整合

数据集成平台具备从多种源头提取数据的能力，包括数据库、数据湖、API、云服务和本地系统等，并对其进行统一处理和集成。这种多数据源整合能力，使企业能够在不同业务系统之间共享数据，消除数据孤岛现象。例如，一家企业可能同时使用ERP系统来管理财务和供应链，借助CRM系统来管理客户关系。数据集成平台可整合这些系统的数据，从而构建起统一的客户和业务管理视图。通过多数据源整合，企业能够更全面地了解业务状况，从而更好地制定战略决策。

此外，多数据源整合过程包括对数据源的标准化和协调工作，确保不同系统的数据相互兼容。数据集成平台通常配备灵活的数据转换和映射功能，能够将各种格式的数据转换为标准化格式，从而实现跨系统的数据整合。这对于那些采用不同技术架构和数据模型的企业尤为关键，数据集成平台能够将所有数据源统一到通用框架之下，为数据的后续分析和应用奠定基础。

（2）自动化数据流程

数据集成平台支持自动化的数据提取、转换和加载，极大减少了人工干预，显著提高了数据管理的效率。ETL流程涵盖从多个源系统提取数据，对数据进行诸如清洗、标准化、格式转换等处理，随后将处理后的数据加载到目标系统或数据仓库中。通过自动化的数据流程，企业可以确保数据更新的及时性，有效减少人为错误。例如，企业可每天自动从多个业务系统中提取最新数据，在完成数据清洗和转换后，加载到数据仓库，以便进行分析和报告制作。

自动化数据流程实现了对复杂数据处理任务的有效编排和调度，例如定时的数据同步、周期性的报表生成等工作。数据集成平台通常提供直观的工作流设计工具，用户通过简单的拖拽操作即可定义复杂的数据处理逻辑，从而快速部署数据集成任务。这种自动化能力不但提高了数据处理的效率，还使得企业能够根据业务需求灵活调整数据更新频率，以确保数据的时效性和准确性。

（3）数据质量管理

数据质量在数据集成过程中占据重要地位。数据集成平台一般具备数据清洗、重复检测、格式转换等功能，以此确保数据的完整性和一致性。当数据有不同来源时，可能存在重复或格式不一致的问题，数据集成平台能够自动识别并处理这些问题，从而提高数据的可靠性。数据质量管理功能有助于企业确保其决策是基于高质量的数据做出的，有效降低了因数据错误而引发的业务风险。

数据集成平台支持对数据质量的持续监控，通过设定数据质量规则和标准，企业能够在数据进入系统的第一时间察觉并解决数据质量问题。这种持续的质量监控机制能够帮助企业及时发现数据中的异常情况，例如缺失值、重复记录或格式错误等，进而避免低质量数据对业务分析和决策产生的负面影响。此外，数据集成平台支持数据的元数据管理，有助于企业跟踪数据的来源、变更历史和使用情况，为数据治理提供更有力的支撑。

2. 适用场景

（1）跨系统数据同步

企业可借助数据集成平台实现不同业务系统之间的数据同步，例如对 ERP、CRM、HR 系统的数据进行整合。通过将这些系统中的数据统一起来，企业能够构建一个完整的数据管理视图，从而更深入地了解业务运作情况。当客户信息在 CRM 系统中更新时，数据集成平台可以将这些信息同步更新到 ERP 系统中，以保障所有系统中的客户数据保持一致。这种跨系统的数据同步功能，有效提高了数据的准确性和一致性，减少了因数据不一致而引发的业务问题。

跨系统数据同步能帮助企业在快速变化的环境中保持敏捷性。当企业扩展新的业务模块或引入新的系统时，数据集成平台可以将新系统的数据与现有系统的数据无缝衔接，确保整个企业的数据生态系统保持协调一致。这对于需要频繁扩展和调整业务的企业来说尤为重要，因为数据的一致性和完整性是有效运营的基础。

（2）数据迁移与升级

数据集成平台在系统迁移和升级过程中发挥着重要作用。在企业进行系统升级或者迁移到云端时，数据迁移往往是一个复杂且极易出错的过程。数据集成平台通过简化数据迁移流程，确保数据在迁移过程中不会被丢失或损坏，从而降低业务中断的风险。在迁移 ERP 系统时，数据集成平台可自动化处理数据的提取、转换和加载过程，保证迁移后的系统能够顺利使用并保留历史数据的完整性。

在数据迁移过程中，数据集成平台能够对数据进行验证和审计，确保迁移后的数据与原始数据保持一致。企业在数据迁移完成后，可借助数据集成平台生成详细的迁移报告，对比迁移前后的数据，以保障数据的完整性和准确性。数据集成平台的自动化和可追溯性特性，使得企业在面对大规模的数据迁移任务时，能够降低出错风险，减少人为干预，提高整体迁移的成功率。

（3）实时数据管道

数据集成平台不仅支持批量数据处理，还支持实时数据流处理。这对于需要即时分析的业务场景至关重要。企业能够通过数据集成平台从 IoT 设备、传感器、社交媒体平台等获取实时数据，并将这些数据用于监控和分析工作。实时数据管道能够助力企业更迅速地做出反应，例如在生产制造过程中，实时监控设备运行状态，及时发现并解决潜在问题，或在社交媒体上监控品牌的舆情变化，及时采取应对举措。

实时数据管道在金融服务领域可用于欺诈检测，数据集成平台可以从多个渠道获取实时交易数据，通过数据分析快速甄别潜在的欺诈行为并采取应对措施。对于零售企业来说，实时数据管道可用于库存管理和个性化推荐，通过实时监控库存状况和客户购买行为，动态调整促销策略和库存补充计划，以最大限度地满足客户需求并提高销售额。

3. 数据集成平台的优势与难题

（1）优势

数据集成平台的核心优势在于其整合不同数据源并保持数据一致性的能力。这种能力帮助企业从多角度了解业务情况，并使各个系统的数据保持同步，从而提高业务运营的效率。此外，自动化的 ETL 流程不仅可以减少人工操作的工作量和人为失误概率，还能提高数据处理的效率和准确性。数据集成平台能够在保障数据质量的同时，确保数据在不同系统间安全流转，为企业的分析决策提供可靠的数据基础。

数据集成平台具有极高的灵活性和可扩展性，能够根据企业的业务需求不断调整和优化。企业可以根据业务的发展需求灵活添加新的数据源或调整数据处理逻辑，而无须对整个系统进行大规模改动。这种灵活性使数据集成平台能够很好地适应企业快速变化的节奏，有力支持企业在市场竞争中保持优势地位。此外，数据集成平台与商业智能工具的无缝对接，可将整合后的数据直接用于可视化分析和报表生成，从而帮助企业快速获得有价值的信息。

（2）难题

尽管数据集成平台在提升数据整合效率上成效显著，但在实际实施过程中也面临一些难题。首先，不同数据源的数据格式和结构可能存在较大差异，整合这些数据需要构建复杂的转换规则和映射关系，这可能需要花费大量时间和资源。其次，随着数据源的不断增加和数据量的持续增长，数据集成平台的性能管理难度也日益加大，需要确保在高负载的情况下依然能够维持良好的数据处理速度。最后，数据集成过程中的安全性和合规性也是一大难题，特别是在处理敏感数据时，企业必须遵循相关法规，并确保数据在传输和存储过程中的安全性和合规性。

跨国企业在应用数据集成平台时，还需要考虑数据的跨境传输问题，不同国家和地区对数据隐私和安全的法规要求各不相同，企业需要确保在数据集成过程中符合各地的合规性要求。同时，数据集成平台的实施和维护成本也较高，尤其是在需要整合大量异构数据源的情况下，企业可能需要投入大量资源用于开发和优化工作。因此，企业在推行数据集成平台时，需要对其成本和收益展开详细评估，以确定最佳的实施策略。

数据集成平台是现代企业实现数据流动性和可用性的关键工具，通过整合多种数据源、实现自动化数据流程以及开展数据质量管理，企业能够更有效地利用数据驱动决策和创新。然而，在实施数据集成平台时，企业需要应对多样化的数据源、数据安全以及性能优化等一系列难题，只有通过合理规划和持续优化，才能充分释放数据集成平台的潜力，为企业的数字化转型提供有力支持。

数据管理平台通过数据湖、数据仓库和数据集成平台的协调运作，满足了现代企业从数据存储、整合再到分析的全方位需求。这些平台的高效运行不仅强化了数据运营的能力，也为数据驱动的决策和创新提供了坚实的技术支撑。

第十四章

量化价值：数据资产运营的指标与模型

一、数据运营的关键指标

数据运营的成效需要借助关键指标予以衡量。这些指标可以从数据质量、数据使用率和价值贡献三个维度展开详细评估。各个维度均涉及具体的计算方法和应用场景，有助于企业切实有效评估并优化数据资产的运营状况。

（一）数据质量

数据质量是数据资产运营的基础。高质量的数据是进行数据分析和决策的前提，直接影响数据的可靠性和应用价值，主要用于衡量数据的准确性、一致性和完整性。

1. 核心指标

以下是数据质量的重要衡量标准及其计算方式。

（1）错误率

定义：是指数据中错误记录所占的比例，用于衡量数据的准确性。

计算公式：

$$错误率 =（错误记录数 \div 总记录数）\times 100\%$$

示例：某企业客户数据库中的总记录数为 10,000 条，其中有

500 条记录存在错误。

错误率 =（500 ÷ 10,000）× 100%=5%

应用场景：物流行业中，若客户地址数据的错误率较高会导致包裹配送失败，从而影响客户体验和运营效率。

（2）重复率

定义：是指数据集中重复记录所占的比例，用于衡量数据的唯一性。

计算公式：

重复率 =（重复记录数 ÷ 总记录数）× 100%

示例：某 CRM 系统中总记录数为 20,000 条，其中有 400 条记录重复。

重复率 =（400 ÷ 20,000）× 100%=2%

应用场景：重复记录可能导致市场营销中同一客户被多次联系，造成资源浪费。

（3）空值率

定义：是指数据集中空值字段所占的比例，用于衡量数据的完整性。

计算公式：

空值率 =（空值字段数 ÷ 总字段数）× 100%

示例：某企业的订单记录中总字段数为 50,000 个，其中 2,000 个字段为空值。

空值率 =（2,000 ÷ 50,000）× 100%=4%

应用场景：电商平台客户地址字段的空值率较高，可能导致无法完成订单配送。

2. 数据质量的优化措施

优化数据质量是企业提升数据价值和决策效率的核心环节。以下措施不仅涵盖数据清洗和监控，还借助创新方法和技术提升数据管理的整体效率。

（1）构建动态数据清洗模型

智能化数据清洗：引入机器学习算法，通过模式识别和异常检测实时清理数据。例如，运用聚类算法自动识别客户数据中的异常值（如极端消费行为或无效联系方式）。

规则自适应更新：根据历史清洗记录，动态调整清洗规则，使其与数据源的变化保持同步。例如，在分析最近一年的数据质量趋势后，系统自动更新重复数据识别规则。

场景化清洗策略：针对不同业务场景设定清洗策略。例如：对于财务数据，优先确保其精度和一致性；对于市场数据，则更侧重于填补缺失值以满足分析需求。

（2）深化标准化的数据输入机制

智能提示与自动补全：在数据录入界面嵌入智能提示功能，如用户输入地址时，系统依据地理数据库自动补全省市及邮编信息，以降低录入错误。

基于规则的实时纠正：系统实时检测并自动修正不符合规则的数据。例如，在订单管理系统中，若用户输入了格式错误的日期，系统会自动将其调整为预设格式。

强化业务关联校验：通过关联规则提高数据输入的准确性。例如，在客户信息表中，当某字段（如“城市”）更新时，自动检测并更新关联字段（如“区域代码”）。

（3）数据质量的持续监控与预测

预测性监控：结合时间序列分析，对关键数据集（如客户行为数据）的趋势进行预测，提前发现潜在异常。当客户订单量的时间序列出现突然断点时，触发监控并生成分析报告。

多层次预警系统：将数据质量问题划分为多个级别（如轻微异常、严重异常），并根据问题的紧急程度和影响范围设置不同的响应机制。轻微异常自动修正，严重异常则通知相关负责人进行干预。

跨系统一致性检测：通过对多个系统间共享的数据进行实时对比，识别并修复因数据同步延迟或不一致引发的问题。

（4）数据治理体系的完善

元数据管理驱动的质量提升：通过全面管理元数据（如字段定义、数据来源、更新频率），建立明确的质量基准。标记所有关键字段的元数据属性，以确保数据清洗与监控的针对性。

数据质量专职团队：组建专门的数据质量团队，负责监督、评估和优化数据质量措施，制定标准化的管理流程并定期更新。

面向业务的质量需求对接：将数据质量优化措施与业务需求深度结

合。针对营销活动，专门优化客户行为数据的完整性和时效性。

通过以上措施，企业能够全面优化数据质量，从而提升数据的可靠性、可用性以及业务价值。数据质量的提升不仅能减少运营风险，还可以为企业提供更准确的数据分析和更高效的决策支持。

（二）数据使用率

数据使用率反映了数据资产在企业内部或外部的活跃程度和利用效率，是衡量数据运营成效的重要指标。

1. 核心指标

以下是数据使用率的主要评估标准及其计算方法。

（1）访问频率

定义：是指某数据集在特定时间周期内被访问的次数，它能够反映数据的使用活跃度。

计算公式：

访问频率 = 总访问次数 ÷ 时间周期

示例：某企业的数据分析平台在一周内总访问次数为 700 次。

访问频率 =700÷7=100 次 / 天

应用场景：数据访问频率较低意味着数据未被充分利用，此时需要提高平台的易用性。

（2）使用覆盖率

定义：是指数据集中被实际使用的数据量占总数据量的比例，该指标用于衡量数据的使用深度。

计算公式：

使用覆盖率 =（被使用数据量 ÷ 总数据量）× 100%

示例：某企业的数据集中总数据量为 10 GB，而其中实际被分析使用的数据量为 4 GB。

使用覆盖率 =（4÷10）×100%=40%

应用场景：低使用覆盖率可能表明部分数据没有实际应用价值，那么企业就需要重新评估数据存储策略。

（3）下载量或 API 调用量

定义：是指从数据平台下载数据或调用 API 的总次数，用于评估数据服务的需求量大小。

示例：某开放数据平台在一天内的 API 调用量为 1,200 次。

这里的下载量或 API 调用量数值为 1,200。

应用场景：API 调用量是开放数据平台衡量其服务受欢迎程度的重要指标之一。

2. 提高数据使用率的方法

为有效提高数据使用率，企业需要从技术优化、流程改进和员工操作便利性三个方面着手，采取创新性举措，以确保数据资源能够被高效利用。

（1）简化数据访问与操作

无代码数据分析工具的推广：引入无代码分析工具（如 Tableau、Power BI），员工只需通过简单的拖放操作，便能生成可视化报告和分析结果，从而极大地减少对专业技能的依赖。

移动化数据访问：着力开发或采用支持移动设备的轻量级数据应用，让员工能够在任何地点通过手机或平板快速获取和使用数据。例如，销售人员在客户拜访中通过移动端实时查看库存数据。

分层权限结构：根据岗位需求设定数据访问权限，同时简化数据界面。例如，基层员工仅可以访问与其工作相关的关键数据字段，而管理者则拥有更大的数据查看权限，这样能够有效免数据过载和干扰问题。

（2）数据使用场景的多样化

业务场景嵌入数据工具：将各类数据工具嵌入到业务应用程序中，例如在 ERP 或 CRM 系统中直接集成数据分析功能，让员工在使用这些业务系统的同时，能够便捷地查看与之相关的数据分析结果，进而减少额外的操作步骤。

实时数据触发操作：设置基于数据阈值的自动触发机制。例如，当库存水平低于某个预设值时，系统会自动提醒采购人员进行补货操作；又例如，当客户反馈的分数达到一定标准时，系统便会提醒客服团队尽快跟进。

智能推荐功能：在数据分析平台中集成智能推荐模块，根据用户操作习惯和业务场景推荐相关数据集。例如在进行销售分析时，系统自动推荐与当前客户相关的历史购买数据，帮助员工更全面深入地分析业务情况。

（3）技术手段提升数据价值

动态数据集成：引入数据虚拟化技术，将多个来源的数据整合为一个虚拟视图，这样一来，无须实际移动数据，便能在不同的系统间实现数据共享和分析，从而显著提升数据的访问效率。

增强数据查询功能：在数据平台中引入自然语言处理，借助这一技术，员工只需使用日常语言即可查询数据。例如，员工输入“今年前两季度的销售额”，系统就能自动生成与之对应的报告，无须员工再去掌握复杂的 SQL 语法。

轻量化可视化模板库：提供预设的、具有行业或部门专属特色的可视化模板，例如预算分布图、项目进展图等，员工在使用时，只需选择相应的模板并导入数据，就能快速生成报告。

（4）内部流程优化

单点登录集成：把所有的数据工具整合到统一的门户当中，通过单点登录（SSO）机制来简化用户访问流程。例如，员工只要登录企业门户，就能直接访问报表工具、数据仓库和分析平台等，无须多次输入凭据。

版本管理与溯源：为数据分析结果配备版本控制功能，详细记录每一次修改与更新的历史情况，方便用户随时追溯并验证分析过程。例如，在分析报告中，每个指标均会附带相应的生成规则和数据来源，以确保整个分析过程的透明度。

自动化报表生成与分发：设置自动化报表生成流程，将关键数据分析结果定期发送给相关负责人。例如，销售团队每天早晨自动收到前一天的销售数据汇总，避免手动查询数据时浪费时间。

（5）外部资源结合

开放数据源的引入：积极对接外部公开的数据源（如政府统计数据、行业报告数据），并结合企业内部数据形成更全面的分析视角。在市场分析中，将行业数据与企业内部销售数据相结合，能够更精准地预测市场发展趋势。

与供应商和客户的数据共享：建立供应链协同数据共享平台，通过该平台让供应商实时查看订单需求数据，有效减少沟通方面出现的延迟情况；同时，向客户开放部分数据（如订单追踪信息），以此提升客户满意度。

第三方数据工具的集成：引入专业的第三方数据服务工具，如外部信用评分或市场调研平台等，使其与企业内部系统进行对接，以此拓展数据的使用场景。

通过上述措施，企业能够在技术优化、操作便利性和流程管理完善等多个方面，实现数据使用率的全面提升。这些方法高度关注实际操作过程中的便利性和技术创新应用，其核心目的在于能确保数据真正服务于企业。

（三）价值贡献

数据的价值贡献是数据资产运营的核心目标所在，其重点在于评估数据对业务增长、成本节约和创新驱动所产生的直接影响。

1. 核心指标

以下是衡量数据价值贡献的重要指标及其计算方式。

（1）业务增长贡献

定义：是指数据在支持业务增长中所发挥的直接作用。

计算公式：

业务增长贡献 =（数据驱动增长的收益 ÷ 总收益）×100%

示例：某企业总收益为 1,000 万元，其中数据驱动增长所获得的收益为 300 万元。

业务增长贡献 =（300 ÷ 1,000）×100%=30%

应用场景：精准营销所带来的新增客户收入，便可用于衡量数据对业务增长的贡献情况。

（2）成本节约效益

定义：主要反映的是通过数据分析及相应优化举措，使企业运营成本得以降低的程度。

计算公式：

成本节约效益 = 传统成本 − 数据驱动成本

示例：某制造企业的传统库存管理成本为 500 万元，经过数据优化后，成本降至 400 万元。

成本节约效益 =500–400=100 万元

应用场景：预测性维护能够减少设备停机时间，进而降低维修成本。

（3）创新价值

定义：着重体现基于数据驱动所开展的创新业务为企业带来的增量收入。

计算公式：

创新价值 = 创新业务收入 – 原始业务收入

示例：某科技公司的原始业务收入为 2,000 万元，创新业务收入为 2,500 万元。

创新价值 =2,500–2,000=500 万元

应用场景：基于客户行为数据推出的新功能或新产品可通过新增收入评估其价值。

2. 提升数据价值贡献的方法

要充分释放数据的价值，就需要明晰其对业务目标的贡献路径，并借助系统化机制以及各类技术手段，持续提升数据的战略价值。以下这些措施是从连接机制、技术优化再到协作实践等多角度来展开的。

（1）数据与业务连接机制的深化

双向反馈的业务评估框架：构建数据与业务之间的双向反馈机制，不仅要分析数据对现有业务决策所提供的支持，还要针对业务实践中所产生的数据需求进行反向优化。例如，在营销活动中，既要评估数据的精度对活动效果预测所产生的影响，也要根据实际的活动结果，优化数据采集和分析流程。

价值贡献指标体系：制定量化的指标，用以评估数据对业务产生的直接和间接贡献。例如，通过“数据驱动决策影响率”来衡量数据在改进流程中的作用，或者以“预测模型收益转化率”评价数据在新业务开发中的表现。

分业务场景的价值跟踪：在不同业务场景中引入定制化的价值跟踪工具。在客户服务领域，通过分析客户流失率下降的趋势，来量化数据对客户留存计划的支持；而在供应链优化方面，则能够借助库存周转率的提升来评估数据所做出的实际贡献。

（2）数据分析模型的优化

动态建模与实时调整：在传统的数据分析模型中，大多基于历史数据构建而成，而当业务环境变化较快时，静态模型就可能失去效用。为此，企业应积极采用动态建模技术，根据实时数据的变化情况自动调整模型参数，例如，可以运用在线学习算法动态更新客户分类模型。

多源数据融合：将企业内部的数据与外部数据（如市场趋势、竞争对手表现等）进行整合，形成更为全面的分析视角。在销售预测时，把宏观经济指标与企业销售历史数据相结合，从而显著提高预测模型的准确性。

敏感性分析与模型验证：在正式部署分析模型之前，需要通过敏感性分析来精准确定关键变量对预测结果所产生的影响，进而识别出模型中可能引入偏差的变量。此外，还应采用分层验证技术对模型的准确性进行反复测试，以此确保其在不同场景中的稳健性。

（3）联合协作推动创新实践

数据驱动的联合任务小组：组建专门的数据创新小组，围绕特定的目标开展联合任务。例如，在新产品开发中，由产品、市场和数据团队组成联合小组，共同分析用户需求数据、竞争对手产品数据以及市场趋势，挖掘潜在机会。

全流程协作平台：建立协同数据平台，全面覆盖数据的采集、共享、分析和应用全流程。借助统一的在线工作台，实现实时数据的多方访问与共同编辑，这样能够有效降低部门之间的沟通成本，显著提高协作效率。

异步协作工具支持：采用支持异步协作的数据工具，以便不同部门能够按照自身的工作节奏参与数据分析工作。数据团队上传初步的分析结果后，市场团队可以在任意时间灵活补充市场调研数据，而管理层则在后续方便的时候查看整合后的最终报告。

（4）数据驱动创新的扩展实践

数据沙箱实验：为创新项目提供独立的数据沙箱环境，允许各团队在安全的前提下测试数据驱动的业务假设。例如，在测试新促销方案时，将实验用户群数据与对照组数据进行隔离分析，这样可以有效降低业务干扰，并提升实验结果的可靠性。

多维度数据应用拓展： 鼓励企业员工探索数据的多维度应用。比如在财务部门，可以利用销售数据来预测现金流情况；在人力资源部门，通过员工绩效数据来分析未来的招聘需求。通过这种方式，将数据的作用拓展至非传统领域。

预测与仿真相结合： 在进行关键业务决策时，将数据预测与情景仿真相结合。例如，通过预测模型判断潜在市场规模，同时结合不同营销策略的仿真结果选择最佳方案，从而有效提升数据在复杂决策中的应用价值。

（5）数据价值的运营闭环

持续优化的价值运营模式： 以数据为核心构建运营闭环，包括数据采集、分析、实施、反馈和优化等各个环节。例如，在电商行业中，根据客户购买数据优化推荐算法，并基于后续的用户行为数据持续不断调整算法规则，从而形成持续优化的循环体系。

数据生命周期价值最大化： 高度关注数据的全生命周期价值，充分发挥数据从实时决策支持到长期趋势分析等多方面作用。例如供应链数据在实时库存管理中能够支持企业快速响应市场变化，同时还可用于预测未来的供应需求，有效延长数据的价值实现周期。

价值贡献地图： 精心设计数据价值贡献地图，将数据使用对业务的影响以直观方式展示。采用流程图的形式标识数据在产品开发、营销优化、成本控制等各个环节的具体贡献，这样有助于企业全面、深入地理解数据的战略作用。

通过这些方法，企业能够更高效地提升数据价值贡献，使数据切实成为推动业务增长和创新的核心驱动力。这些措施从具体的操作层面到整体的战略设计层面，均围绕数据与业务的深度融合来展开，为企业实现可持续的竞争优势奠定了坚实基础。

借助数据质量、数据使用率和价值贡献的指标体系，企业能够全面评估数据资产的运营状况。这些指标不仅有助于企业及时发现运营过程中存在的问题，还能为数据策略的优化提供清晰明确的方向指引，进而实现数据价值的最大化。

二、衡量模型的设计

在数据资产运营中，衡量模型的设计是评估数据运营成效的关键步骤。一个行之有效的衡量模型必须具备全面性、动态性及精确性这几大特性，如此才能满足多维度、多场景的评估需求。

（一）全面性

全面性是指衡量模型应覆盖数据资产运营的多个核心维度，包括数据质量、运营效率和经济价值，确保评估的系统性和全面性。

1. 涵盖的核心维度

（1）数据质量

重点在于衡量数据的准确性、一致性和完整性，以此来保障数据的可靠性。例如，错误率、重复率和空值率是常用的质量评估指标。

在零售企业中，客户数据的准确性会直接对营销活动的精准性产生影响，所以需要借助相应的质量指标来确保数据的可信度。

（2）运营效率

主要用于评估数据在企业内部和外部的利用率，进而反映数据资产的活跃程度和使用效率。例如，数据访问频率、使用覆盖率和下载量等，都是常用的效率指标。

就企业的数据平台而言，其访问频率能直观体现数据是否得到了员工的充分利用，倘若访问频率较低，那就意味着或许需要采取措施提高数据的易用性。

（3）经济价值

旨在衡量数据对业务增长、成本节约和创新驱动的实际贡献。例如，业务增长贡献、成本节约效益和创新价值等，都是常用的经济价值指标。

实例：在制造业中，通过数据分析优化供应链管理，所降低的库存成本这一直接经济效益，就应被纳入衡量模型当中。

2. 指标间的权重设计

要为每个维度合理分配权重，以反映其在总体评价中的重要性。例如，可以设定经济价值占比 50%，而数据质量和运营效率各占 25%。不过，这些权重并非固定不变，而应根据行业特点和企业目标进行动态调整。对于那些依靠数据驱动业务创新的企业来说，可能会更侧重于经济价值，而在数据密集型行业中，往往会更注重数据质量方面的考量。

（二）动态性

动态性是指衡量模型需要支持实时数据更新和长期趋势分析，以此来应对数据资产运营在时效性方面的需求。

1. 实时更新

（1）实时指标计算

借助自动化的数据采集和计算工具（如 Apache Kafka 和 Elasticsearch），实时更新关键指标，从而确保评估结果的时效性。

在电商平台中，实时监控订单数据的质量情况（如重复率或错误率）就能及时察觉并解决数据方面存在的问题。

（2）实时告警

设置动态阈值，当指标偏离正常范围时，便会触发警报。例如，API 调用量突然降低可能意味着服务中断或需求减少，需要及时关注。

2. 长期趋势分析

（1）时间序列趋势评估

要收集并存储长期的指标数据，进而分析数据资产运营的历史趋势。通过观察数据访问频率的时间序列变化情况，能够深入了解数据平台的使用习惯和需求变化情况。

实例：某企业通过分析一年内客户数据访问趋势发现，每到年末访问量就会上升。这表明年终分析需求增加，企业可提前优化数据服务。

（2）阶段性评估

定期对数据资产运营的成效开展阶段性总结工作，例如按季度或年度生成相应的报告，借此识别出在长期运营过程中存在的改进空间，那么企业便可以提前对数据服务进行优化。

（三）精确性

精确性是指衡量模型需要将量化指标与定性分析有机结合，以确保评价结果的准确性和综合性。

1. 量化指标

（1）指标的标准化处理

不同指标往往有着不同的单位和量级，需要运用标准化方法（如Min-Max 标准化或 Z 分数标准化等）对其进行统一处理，以便开展综合评价工作。

计算公式：

X 标准化 =（X-X 最小值）÷（X 最大值 -X 最小值）

示例：如果数据的范围为［10，50］，而当前值为 30，则

X 标准化 =（30-10）÷（50-10）=20 ÷ 40=0.5

应用场景：将 API 调用量（其范围在 0~10,000）和错误率（范围为 0%~5%）统一转换至 0~1 区间，便于进行综合分析。

（2）指标的可验证性

所有量化指标都应具备可追溯性和可验证性，例如可以借助数据审计工具（如 Talend）验证错误率的计算过程。

2. 定性分析

（1）结合专家意见

引入行业专家对量化结果进行验证，确保评价符合实际业务情况。例如，在经济价值评估环节中，专家可根据企业的战略目标调整部分指标权重。在新业务创新价值的评估中，专家可根据产品研发的市场反馈，对创新价值的计算进行补充。

（2）情境分析

结合企业的实际运营情境，对评价结果所蕴含的业务意义进行阐释说明。尽管某一数据集的访问频率较低，但如果这些数据是用于长期趋势分析的历史数据，那么这种低频访问的情况并不代表无用。

（四）衡量模型设计的实际应用

以沃尔玛公司（Walmart Inc.）为例。沃尔玛作为一家全球领先的零售企业，每天都要处理来自数百万客户的海量交易数据，这些数据涵盖销售记录、库存信息、客户偏好和供应链动态等诸多方面。面对如此庞大的数据规模，沃尔玛深刻意识到，数据资产的价值并非仅仅体现在规模上，更在于运营过程中的效率高低以及应用层面的深度如何。因此，

该公司精心设计了一套衡量模型，旨在对数据资产的运营成效进行评估，并借此优化数据管理策略。

1. 衡量模型设计

（1）全面性

模型的设计全面覆盖了数据资产的多个关键维度。

数据质量：通过对客户信息的完整性和准确性展开评估，以确保数据的可信度。例如，对会员卡注册信息进行仔细核验，以减少重复和无效数据的出现。

运营效率：分析销售数据在各门店系统中的访问频率和调用速度，以此来评估数据在实际操作过程中的使用效率。

经济价值：借助销售数据与运营结果之间的关联性分析，量化数据驱动给销售增长带来的实际贡献。

（2）动态性

实时监控：通过部署在各地的数据分析平台，沃尔玛能够实时跟踪门店销售数据的访问情况。一旦在特定时段访问量激增，系统便会自动生成预警信息，提醒数据团队去分析访问量变化的原因。

动态反馈：引入了数据反馈机制，例如，当某些区域的销售数据出现异常波动时，会立即触发警报并进一步调查，确保问题能够得到快速解决。

（3）精确性

标准化指标：采用统一的评价指标，如库存周转率、销售增长率和客户留存率，以确保数据评价结果的可靠性。

专家参与：结合销售和供应链专家所给出的定性分析内容，对评价结果进行深入解读，从而确保模型输出具有可行性。

2. 实施过程

沃尔玛在全球多个区域开展了该模型的试点和推广工作。

（1）数据整合

收集并整合来自门店、在线商城和供应链系统等多个渠道的销售数据。为了解决数据孤岛问题，企业引入了基于云 ERP 系统的统一数据平台，实现了不同部门之间的高效数据共享。

（2）分析工具部署

沃尔玛与第三方数据科技公司展开合作，使用了先进的数据分析工具，以便实时监测和处理数据。例如，运用机器学习模型预测季节性销售趋势，进而优化采购计划和库存管理。

（3）模型优化

通过模型的初步运行，沃尔玛发现了部分流程中存在的数据痛点，例如某些区域门店的销售数据报告出现延迟的情况。针对这一问题，公司有针对性地升级了数据采集设备，并调整了门店数据的上报流程，提升了整体运营效率。

3. 典型发现

（1）数据冗余问题

在模型运行期间，沃尔玛发现一些产品的销售数据存在重复记录现象。这种冗余数据不仅占用了大量存储资源，还对数据分析结果造成了干扰。为此，公司通过优化数据清洗规则，成功解决了这一难题，从而为后续的数据分析工作奠定了更为坚实的数据基础。

（2）客户行为观察

模型显示，年轻客户群体对可持续产品的需求呈现出显著的增长态势。例如，在某地区，客户对环保型家庭清洁产品的购买率大幅上升，基于这一发现，公司及时调整了产品组合策略，并加大了对相关产品的推广力度。

（3）跨部门协作增强

在推行模型的过程中，沃尔玛发现其供应链部门和销售部门之间的数据共享存在不足。在模型的引导作用下，公司构建了统一的数据共享机制，实现了库存数据和销售数据的实时同步，有效提升了整体协作效率。

沃尔玛精心设计并实施这套衡量模型后，不仅显著提升了数据资产的运营透明度，还为业务决策提供了强有力的支持。这一案例充分表明，一个成功的数据资产运营模型凭借其全面性、动态性和精确性的设计特点，能够帮助企业最大限度地挖掘数据的商业价值。

第十五章

行为驱动的智慧：数据资产运营新解

一、数据驱动的行为经济学研究

数据驱动的行为经济学研究聚焦于揭示数据对用户经济决策产生影响的内在规律，同时深入剖析用户行为在数据资产形成与运营过程中所引发的反馈效应。借助行为经济学理论与数据技术的深度融合，我们得以更为透彻地洞察用户的选择行为机制，进而优化数据驱动下的激励方案设计，并有效提升数据资产的应用效能与价值。

（一）数据与行为决策的双向作用机制

在个体和群体的经济决策活动中，数据正逐步发挥着越来越重要的作用。数据通过丰富信息供给、优化决策选项，助力用户有效规避风险，并显著提升决策的精准性和质量水平。同时，用户的行为决策也会反作用于数据资产，塑造其价值内涵和流动趋向。

1. 数据影响经济决策的路径

（1）信息的透明性与选择优化

数据凭借其对信息透明程度的显著提升，有效地优化了用户的决策选择过程。例如在电商平台，用户能够借助平台所提供的详细产品评价数据，对商品的质量水平与服务品质开展精准研判，进而在大量选项中快速做出购买决策。这种基于数据支撑而实现的信息透明化效应，极大地削减了用户的决策成本，同时提升了用户的消费满意度。

（2）风险评估中的数据支持

数据在助力用户开展风险评估、实现风险规避方面的作用尤为突出。在金融投资领域，投资者可通过深入剖析历史收益数据，并借助专业风险模型的辅助，更为理性地评估资产的潜在收益和可能面临的损失风险，从而制定出更具科学性与前瞻性的投资策略。

（3）数据引导行为塑造

数据的影响力并非仅局限于对用户当下决策选择的影响，其更深远的意义在于能够对用户的长期行为模式予以有效塑造。例如健康管理平台，借助每日向用户推送精准的个人健康数据反馈，能够逐步引导用户养成良好的健康习惯。这种基于数据的长期行为塑造机制，有助于提升用户对平台的依赖度。

2. 行为决策对数据资产形成的反馈作用

（1）消费模式与数据流向

用户的消费行为直接影响数据资产的流向和价值。例如，在音乐流媒体平台上，用户的听歌偏好数据被用作推荐算法的训练基础，而众多用户听歌行为的持续汇聚与整合，则共同铸就了平台丰富且极具价值的数据资产体系。这种反馈机制清晰地表明，用户行为既是数据资产得以生成与积累的“源头活水”，也是推动其不断优化升级与价值创新的核心驱动力量。

（2）个体与群体的影响叠加

个体行为累积形成群体行为，而群体行为反过来又会作用于数据资产的宏观布局。例如，网红效应能够在短时间内促使特定类型数据呈现爆发性增长态势，进而重塑数据资产的商业价值。这种群体反馈机制彰显了行为决策对数据的塑造作用。

（二）行为经济学模型与数据资产运营的结合

行为经济学理论为深入解读用户在数据驱动环境中的行为模式提供了理论框架，尤其是在用户对风险和收益的感知、数据授权的态度转变等方面。通过将这些模型应用于数据资产运营之中，能够更精准地设计用户体验流程和数据运营策略。

1. 前景理论（Prospect Theory）的应用

（1）风险收益的非对称感知

根据前景理论的核心要义，用户对收益和损失的主观心理感知呈现非对称特征。通常而言，等量损失所带来的痛苦通常大于等额收益带来的满足感。在数据资产运营中，这种现象表现得尤为明显。例如，当各类平台要求用户提供额外的个人数据时，用户可能会因为担忧隐私泄露而对潜在收益持怀疑态度。

（2）基于感知优化数据策略

为有效应对用户这种风险收益非对称感知所引发的负面效应，平台运营方可以通过清晰明确地界定数据使用场景、全方位提高数据使用的透明度等方式，有效降低用户的风险感知程度。例如，金融类应用程序在请求用户上传信用数据时，可通过实时反馈用户信用评分的提升，强化其对收益的正向感知体验，进而提高数据共享意愿。

2. 偏好反转现象与数据策略设计

（1）偏好反转的定义与表现

偏好反转是指用户在不同场景下，对同一选择表现出不同偏好。在数据运营事件中，这种现象表现为用户在某些场景中对数据授权持开放态度，而在其他场景中则显得谨慎。用户在获取免费服务时可能愿意提供数据，而在高价值交易场景中则更加注重隐私保护。

（2）动态数据授权策略

为有效化解偏好反转现象给数据运营带来的挑战与困扰，企业可以设计一套动态数据授权机制。该机制能根据用户对隐私保护的敏感程度差异和场景特征动态调整数据请求的范围，同时引入实时激励机制，以增加用户的授权意愿。这种策略不仅能够缓解用户的顾虑，还可以优化数据资产的获取效率。

（三）数据驱动的用户激励设计

用户激励是数据资产运营的重要手段，通过合理的激励机制，企业可以增强用户的数据贡献意愿，提高数据资产的覆盖率和质量。

1. 行为经济学的激励框架

（1）奖励结构的设计

行为经济学强调，激励结构必须与用户的期望和习惯相匹配。例如，积分奖励系统可以为用户提供即时反馈，而分级奖励机制（如会员等级制度）则能够有效增强用户的长期参与动机。

（2）个性化激励方案

数据驱动的激励设计可以根据用户行为数据来制订个性化方案。借助对用户浏览历史和购买行为数据的深入分析，定制化推送奖励内容，从而大幅提高激励措施的精准性和有效性。

2. 数据驱动激励在提升用户参与中的应用

（1）用户留存策略

数据反馈在用户留存方面发挥着极为重要的作用。例如，健身应用通过日常数据推送（如步数排行榜、卡路里消耗统计）增强用户的黏性，同时引入周期性奖励（如连续打卡赠送会员资格）来进一步激发用户的参与热情。

（2）提升参与率的案例

某在线学习平台利用学习数据设计了“成就徽章”系统，通过实时展示学习进度、课程完成情况等数据，激励用户持续学习。这种基于数据驱动的激励不仅提升了用户的参与率，还增强了平台的用户黏性。

3. 激励机制与数据资产的良性循环

（1）数据生成与激励强化

激励机制在有效激发用户行为的同时，会促使更多的行为数据生成，进而推动数据资产的规模和质量逐步提升。例如，电商平台的积分机制不仅刺激了用户增加购买行为，还随之产生丰富的交易数据，而这些数据反过来又为平台的精准营销和推荐算法提供强有力的支持。

（2）多层次激励的综合应用

为了充分满足不同用户群体的多样化需求，企业可以精心设计多层次的激励机制。例如，对新用户，提供直接的现金返现或折扣优惠；对忠实用户，则通过积分累计和会员福利来进一步增强他们对品牌的忠诚度。这种层次分明、针对性强的激励设计策略，既能吸引更多新用户加入，又能挖掘忠实用户的价值潜力。

通过数据与行为决策的双向作用机制、行为经济学模型的理论支持，以及数据驱动的用户激励设计，企业在数据资产运营过程中能更精准地洞察和引导用户行为。这种基于行为学视角的运营策略，不仅提升了用户对数据资产的参与度，还为企业的数据资产管理提供了新的思路和方法。最终，数据与行为之间的良性互动将为数据经济的可持续发展注入强大动力。

二、用户行为对数据资产管理的影响

用户行为数据在数据资产的运营中极为关键，它直接影响数据资产的价值评估、生成模式以及管理策略。深入理解用户行为如何作用于数据资产，能够帮助企业在采集、存储、分析和应用的全流程中，更为合理地优化资源分配，并借助数据管理策略实现效益最大化。

（一）用户行为数据对资产价值评估的动态影响

用户行为数据是衡量数据资产价值的重要指标之一。点击、互动、停留时间等行为记录，能够精准揭示出用户的兴趣倾向、偏好特点以及意图所在，进而直接影响数据资产的定价与评估。

1. 用户行为与数据定价的关联

（1）行为数据的商业价值

用户行为数据构成了预测用户需求和购买行为的基础。例如，在线零售平台上的点击记录，不仅能清晰反映出用户对特定商品的兴趣程度，还能为精准营销提供关键的参考依据。正因如此，数据资产的定价便可依据这些行为所蕴含的商业潜力进行动态调整。

（2）广告定价中的行为数据权重

在数字广告市场领域，点击率和互动频率属于广告位定价的关键考量因素。平台借助用户行为数据对广告投放效果进行实时评估，从而对广告效果高效的位置赋予更高的价值定位。

2. 行为变化对数据资产波动的影响

（1）用户兴趣的季节性变化

用户行为往往会受季节、节假日等多种因素的影响。例如，在旅游行业，用户的搜索和点击行为会在假期前后发生显著变化。这种行为模式的改变会直接影响与旅游相关的数据资产价值。

（2）短期行为爆发与价值波动

突发事件或社会热点极易引发用户行为的剧烈变化。例如，在某款流行产品发布后，与之相关的搜索量和购买数据会急剧增加，在此情况下，这些数据的商业价值在短期内会迅速攀升。然而热度一旦消退，其价值又可能会快速下滑。

3. 数据价值评估的动态模型

（1）动态评估方法

数据资产的价值需要紧密结合用户行为的实时动态变化情况来进行综合性评估。例如，通过引入时间权重模型，赋予近期的用户行为更高的权重比例，以此来提升预测结果的准确性。

（2）行为影响的长期分析

通过持续监测用户行为的变化趋势，企业能够在历史数据的基础上预测未来的数据资产价值，从而制定更加稳健的商业决策。

（二）用户参与模式与数据生成的关系

用户参与模式直接决定了数据生成的数量、深度和质量。不同类型的用户行为模式在数据生成的方式和价值贡献方面均存在较为显著的差异。

1. 主动型用户与被动型用户的数据生成差异

（1）主动型用户的高质量数据贡献

主动型用户往往会积极与平台展开交互活动，例如频繁发表评论、上传各类内容或踊跃参与问卷调查。这类用户所生成的数据往往具有较高的价值。例如，电商平台的主动型用户通过撰写详尽的商品评价，为其他用户的购买决策提供了直接依据，也为平台推荐算法提供了更为丰富的训练数据。

（2）被动型用户的行为轨迹数据

被动型用户虽然互动较少，但他们的点击记录、浏览路径和停留时间等数据依然具备一定的分析价值。这类数据可以用于推测用户的潜在需求，并通过优化界面设计或产品推荐来提升用户参与度。

2. 不同用户行为对数据生成的场景贡献

（1）高频用户的行为偏好聚合

高频用户所生成的数据量大，行为模式更加稳定。通过聚合这类用户的数据，平台能够识别全局趋势并优化资源分配。例如，流媒体平台可以根据高频用户的观看偏好调整内容采购策略。

（2）低频用户的偶然数据价值

虽然低频用户产生的数据量较少，但其行为却有可能反映出特定场景下的独特需求状况。例如，一位偶尔浏览奢侈品的用户可能为平台提供识别潜在高端客户的数据线索。

3. 社交行为对数据质量的影响

（1）用户互动提升数据质量

用户的社交行为（如评论、点赞、分享）不仅直接生成新数据，还对现有数据起到丰富和补充作用。例如，在社交电商平台，用户的评价内容和点赞记录使商品标签更精准，从而让推荐系统更智能。

（2）社交网络中的数据传播效应

一条由用户所生成的高质量内容，借助分享行为能够扩散至更为广泛的受众中，不仅能够放大数据的覆盖范围，而且会提升平台整体数据资产的价值。例如，用户对某品牌的正面评价可能通过社交传播影响更多潜在消费者的购买决策。

（三）数据管理策略中的用户行为考量

基于用户行为调整数据管理策略是实现数据资产高效利用的关键。通过对动态存储和行为驱动的分级管理，企业能够优化数据的存储效率，提升商业价值。

1. 基于用户行为的动态数据存储策略

（1）行为驱动的数据存储优化

用户行为频率和重要性决定了数据存储的优先级。例如，电商平台可以将高频用户的交易记录存储在高性能数据库中，方便实时分析，而将低频用户的数据转存至冷存储系统中以节约资源空间。

（2）行为变化引发的存储更新

用户行为的变化需要动态调整数据存储策略。例如，某款商品因特定活动短期内热销，其相关数据需要从冷存储转移到高频存储系统，以支持实时分析需求。

2. 数据分级管理体系设计

（1）高活跃用户的高价值数据标签

针对高活跃用户，企业可以为其行为数据打上高价值标签，以便在推荐算法和客户关系管理中优先调用。例如，在线教育平台可以通过识别高活跃用户生成学习行为标签，从而为其推荐更具针对性的课程内容。

（2）低价值数据的归档策略

对于低频用户或过时行为数据，企业采用归档策略可以降低存储和计算成本。例如，将一年以上的浏览记录归档存储，仅在需要分析长期行为趋势时调用。

3. 用户行为对数据清洗和整合的影响

（1）行为异常的过滤和识别

用户的异常行为（如机器生成的虚假流量或无效点击）会干扰数据资产管理。通过行为分析算法识别并过滤这些异常数据，可以提高数据的真实性和有效性。

（2）跨平台行为数据的整合

用户行为往往分散于多个平台，整合这些数据需要考虑行为模式的一致性。例如，将用户在社交媒体上的互动数据与其在电商平台上的购买记录结合，可以更全面地描绘用户画像，从而提升数据资产的整体价值。

用户行为对数据资产管理的影响贯穿数据采集、存储、评估和应用的各个环节。从行为数据对资产价值的动态作用，到不同参与模式下的数据生成特点，再到行为驱动的管理策略优化，企业需要全面理解用户行为的多维作用，从而实现数据资产的高效利用与价值最大化。这一视角的深入研究，不仅能帮助企业提升数据资产的运营效率，也为优化用户体验提供了科学依据。

三、数据资产运营中的认知偏差识别

认知偏差是指人类在信息处理和决策中由于心理机制而产生的系统

性误差。在数据资产运营中，认知偏差既可能导致数据分析结果的偏离，也可能影响用户对数据的解读和反应。因此，识别和修正认知偏差对于提高数据运营的准确性与效率具有重要意义。

（一）认知偏差对数据运营的干扰

认知偏差在数据运营的多个环节中发挥潜在影响，从数据分析到用户决策，各种典型的偏差可能引发不准确的结论和低效的行动。

1. 典型认知偏差的影响

（1）锚定效应（Anchoring Effect）

锚定效应指个体在做决策时倾向于过度依赖最初接触到的信息。例如，在数据分析中，分析师可能过于依赖初步的数据模式，而忽视后续发现的异常点，导致结论偏差。对于用户来说，第一次接触到的数据可能成为其认知基准点，后续数据即便质量更高，也很难改变用户的初始判断。

（2）确认偏误（Confirmation Bias）

确认偏误是指人们倾向于寻找、解读或记住支持自身已有观点的信息。在数据运营中，分析师可能会有意或无意地选择符合其假设的数据，从而忽略了反驳证据，导致结论不全面或失真。这种偏误会为商业策略的制定带来风险。

2. 数据呈现形式对用户感知的隐性塑造

（1）可视化方式的选择

数据的可视化设计对用户的理解有直接影响。例如，在展示销售数据时，选择堆叠柱状图可能比折线图更易于突出单品的贡献值，但同时可能掩盖了总体趋势。用户容易受限于特定的可视化方式，而忽视数据的其他维度。

（2）数据传递中的框架效应（Framing Effect）

数据呈现的框架会改变用户的决策方式。例如，将销售增长率描述为“同比增长 15%”可能会让用户感到乐观，而用“较上一季度减少 5%”则可能引发担忧，即便两种说法是基于相同的数据。数据传递的语言和视觉效果会直接影响用户对信息的解读。

（二）偏差识别与修正方法

识别并修正认知偏差需要结合实验设计、数据分析和用户界面设计等方法，以提高数据资产运营的精准性和用户的决策质量。

1. 偏差的量化与识别

（1）实验设计量化认知偏差

通过设计对照实验，可以测量偏差的存在及其程度。例如，在电商推荐系统中，分组测试用户对不同排序方式（如按销量或按评价排序）的偏好，可以识别是否存在锚定效应，并量化其影响范围。

（2）数据验证与偏差剖析

利用历史数据验证分析结论的可靠性，可以有效识别偏差来源。例如，对某产品推荐算法的效果进行验证时，可以通过统计分析排除模型中过度依赖特定变量（如地域或性别）的倾向。

2. 界面设计优化以减少偏差

（1）重点信息标注

界面设计中通过标注关键信息，能够引导用户关注最重要的数据点。例如，在金融应用中，用颜色或图标突出风险警告信息，帮助用户避免忽视潜在风险的确认偏误。

（2）简化复杂数据展示

简化复杂数据展示可以减少用户在理解数据时的认知负担。例如，使用仪表盘式的交互设计，将关键指标清晰呈现，同时将细节数据隐藏于交互控件中，供需要深入分析的用户使用。这种设计能够降低过量信息带来的框架效应干扰。

（三）个体与群体认知偏差的运营策略

认知偏差的影响在个体和群体层面存在差异。根据认知偏差的特点，运营策略需要进行针对性调整，以更高效地实现数据资产的价值转化。

1. 个体偏差的定制化应用

（1）识别用户需求中的潜在误区

个体用户在数据驱动的决策中可能受限于自身的认知习惯。例如，在个性化推荐中，某用户可能持续选择低折扣商品，而忽视了高折扣商品的短期价值。这种偏差可以通过推荐算法进行调整，例如在特定场景中强化高折扣商品的展示权重。

（2）增强反馈机制以改善偏差

通过实时反馈机制，帮助用户认识到自身认知中的盲区。例如，在健康管理平台中，用户可能低估高脂食品的长期影响。平台可以通过历史数据和模拟工具向用户展示其行为对未来健康的潜在影响，改善其决策方式。

2. 群体偏差对市场预估的启发

（1）文化背景的认知差异

不同文化背景的用户在面对相同数据时可能表现出截然不同的认知偏差。某些文化中对风险的敏感度较高，导致用户更倾向于保守的决策。企业在跨文化运营中需要对这些偏差进行调整，例如为风险敏感型用户提供更详细的风险说明。

（2）群体行为对趋势分析的作用

群体偏差可以揭示市场中的潜在趋势。某地区消费者普遍对环保商品表现出更明显的偏好，但这种趋势可能因认知偏差而未被显性数据捕捉到。企业通过深度分析群体偏差，可以提前发现市场需求，制定相应的产品策略。

认知偏差对数据资产运营的干扰无处不在，但通过科学的识别与修正方法，这些偏差不仅可以被有效控制，还能为数据运营提供新的优化视角。在个体层面，修正认知偏差可以改善用户决策质量；在群体层面，分析认知偏差则能启发市场预估和产品创新。结合实验设计、界面优化和用户行为分析的多种策略，企业可以在数据资产管理中最大限度减少认知偏差的负面影响，同时挖掘其潜在价值，助力数据经济的高效运行。

后　记

当我们平心静气地回顾本书对数据资产管理与运营的探讨时，不禁会陷入沉思：数据究竟为我们带来了什么？它仅是一串冰冷的数字，还是在其背后潜藏着温暖的人性？它代表的是技术的胜利，还是对更加美好生活的不懈追寻？

也许，数据本身并不能回答这些问题，但它所反映的，是人们的行为举止、偏好和梦想。正因如此，管理与运营数据资产这一过程，已经超越了单纯的技术命题，而是成为人类对未来自我定义的一种方式。

数据的力量在于它为我们开辟了全新视角去看待世界。每一组数据背后都承载着不为人知的故事，它们如实记录着我们在数字时代前行的步伐——从我们生活中最细微的个人选择，到整个社会的集体行为。通过这些数据，我们看到了隐藏在个体行为中的模式，理解市场需求的动态变化，进而全方位洞悉人类生活的方方面面。数据不仅是一面镜子，忠实地反映我们的行为习惯，它还仿若一把钥匙，帮助我们发现潜藏于生活表象之下的深层规律。

深入探究数据的背后，我们能够真切地感知人类的情感和梦想。无论是用户在社交平台上的每一次点赞，还是消费者在电商平台展现出的购物偏好，这些数据不仅反映了个体选择，更深刻揭示了人们的价值观、兴趣和追求。正是这些看似琐碎的行为点滴，共同构成了人类生活的丰富图景；而数据资产的管理与运营，则是在这些图景中精准地找寻有价值的线索，将分散在各处的信息汇聚成可以带来改变的力量。

数据资产的运营，不仅是为了提升企业的盈利能力，更是为了让我们能够更好地理解彼此，创造一个更加美好的世界。通过数据分析，我们可以更好地了解客户的需求，从而提供更加个性化的产品和服务；通过数据共享机制，我们能够有效消除信息不对称现象，提升社会的整体运行效率；通过数据驱动的创新力量，我们能够积极探寻解决诸多社会问题的新途径，无论是在医疗、教育还是环境保护领域，都可以因数据而变得更加高效和公平。

然而，数据并不是万能的。它所呈现的只是现实世界的一部分，而不是全部内容。数据虽然精确，但它的收集和分析过程却不可避免地充斥着人类的主观判断与选择。我们必须时刻保持警醒，避免陷入对数据的盲目信任之中。数据的真正价值取决于我们如何去解读它，以及如何运用它来服务于人类的需求和梦想。只有在正确的价值观和伦理框架引导下，数据资产的运营才能真正为社会带来积极的改变。

置身于数字化的汹涌浪潮之中，我们每个人都是参与者，同时也是建设者。通过对数据的运营管理，我们能够构建一个更加高效、智能的社会，一个让人们能更好理解彼此、帮助彼此的世界。数据赋予了我们强大的力量，但与此同时，也对我们提出了更高的标准和要求。我们迫切需要持续不断地提升自身的数据素养，学会用批判性的眼光看待数据，深刻理解数据背后所蕴含的复杂性和局限性。只有这样，我们才能真正掌控数据，而不是被数据所左右。

数据资产的未来走向，掌握在我们每一个人手中。它并不是某个科技巨头的专利，也不是某些专家的专属领地，而是每一个普通人都可以参与的变革。无论是通过学习数据分析技能，还是在生活中因数据驱动而积极做出更加理性的决策，我们每一个人都能够在这场数据革命浪潮中扮演至关重要的角色。我们既可以用数据来切实提高自己的生活品质，也能够借助数据去帮助他人，让整个社会变得更加美好。

展望未来，数据将不仅仅是企业的竞争工具，它还将成为一种公共资源，为社会的进步和人类福祉的增进服务。不妨大胆设想一下这样一个理想的世界：在这个世界里，数据被用于解决饥饿问题、提升医疗服务、优化城市交通、应对气候变化。这些目标的实现，离不开每一个人对数据资产的理解与参与。数据资产的运营，不应仅仅着眼于商业利益的获取，更应坚定不移地致力于实现更广泛的社会价值。

因此，让我们怀揣着对未来的美好憧憬与无限期待，持续不懈地探索前行。我们的探索之旅不应仅仅是为了追求企业的高速增长与扩张，更应当是为了更为深刻透彻地理解我们自身以及我们所处的这个世界。数据资产的未来发展蓝图，将远远超越商业领域的范畴，它将深度融入并渗透到人类社会的每一个角落，深刻影响我们的生活方式、价值观念以及人生选择。愿我们每一个人都能够在这场激动人心的数字变革浪潮中精准地找到属于自己的独特位置，充分运用数据的力量去创造一个更加光明璀璨的未来。

数据的故事，是人类的故事。它记录了我们的过去，描绘了我们的现在，也指引着我们的未来。而这个未来，充满着无限的可能性，等待着我们去探索、去发现。掌握数据，掌握未来。

参考文献

［1］《数据领域常用名词解释（第一批）》，国家数据局，2024.

［2］王汉生．数据资产论［M］．北京：中国人民大学出版社，2019.

［3］中国电子技术标准化研究院，崔静，张群，等．数据资产评估指南［M］．北京：电子工业出版社，2021.

［4］康旗，吴钢，陈文静，等．大数据资产化［M］．北京：人民邮电出版社，2016.

［5］杰弗里·波梅兰茨．元数据：用数据的数据管理你的世界［M］．李梁，译．北京：中信出版社，2016.

［6］清华大学金融科技研究院．数据要素化 100 问［M］．北京：人民日报出版社，2022.

［7］国际数据管理协会（DAMA）.DAMA 数据管理知识体系指南［M］．北京：机械工业出版社，2020.

［8］高伟．数据资产管理：盘活大数据时代的隐形财富［M］．北京：机械工业出版社，2016.

［9］科德·戴维斯，道格·帕特森．大数据伦理：平衡风险与创新［M］．沈阳：东北大学出版社，2016.

［10］中室牧子，津川友介，加里·史密斯，等．数据思维：让大脑更清醒［M］．北京：后浪出版公司，2019.

［11］徐斌，王晓冬，林丽．大数据管理：企业转型升级与竞争力重塑之道［M］．北京：人民邮电出版社，2015.